物候学基础

杨国栋　张明庆　编著

首都师范大学出版社
CAPITAL NORMAL UNIVERSITY PRESS

图书在版编目（CIP）数据

物候学基础/杨国栋，张明庆编著.—北京：首都师范大学出版社，2022.12
ISBN 978-7-5656-7225-5

Ⅰ.①物…　Ⅱ.①杨…②张…　Ⅲ.①物候学　Ⅳ.①Q142.2

中国版本图书馆 CIP 数据核字（2022）第 180314 号

WUHOUXUE JICHU
物候学基础
杨国栋　张明庆　编著

责任编辑　沈小梅
首都师范大学出版社出版发行
地　　址　北京西三环北路 105 号
邮　　编　100048
电　　话　68418523（总编室）　68982468（发行部）
网　　址　http：//cnupn.cnu.edu.cn
印　　刷　北京印刷集团有限责任公司
经　　销　全国新华书店
版　　次　2022 年 12 月第 1 版
印　　次　2022 年 12 月第 1 次印刷
开　　本　787mm×1092mm　1/16
印　　张　11.5
字　　数　211 千
定　　价　38.00 元

目　　录

绪　　论

第一节　物候现象与物候学

一、物候现象

寒来暑往，花开花落，大自然中的许多现象都呈现出有节奏的周期性变化。当先民知道耕作时，就已经开始关注作物生长与环境的关系。因此，可以说人类对物候现象的认识，与人类的文明历史一样古老。人们对于物候现象并不生疏，植物的发芽、展叶、开花、结实、叶变色、落叶，动物的蛰眠、复苏、始鸣、交配、繁育、换毛、迁徙，以及初霜、终霜、结冰与消融、初雪、终雪等等，物候现象是那样丰富多彩，就发生在我们周围的自然界之中，并引起人们的注意。

在我国，最早的物候记载，一般认为在《诗经》里。例如《豳风·七月》篇里"四月秀葽，五月鸣蜩。八月其获，十月陨蘀"。意思是"四月里远志把子结，五月里知了叫不歇。八月收谷子，十月落树叶"。这里的远志结子、知了鸣叫、谷子成熟、树叶飘落等都属于物候现象。它们在时间上有节律地、周期性地重复出现。我们把在地理环境中周期性（主要是季节性）发生的各种宏观自然现象，统称为物候现象。

依据物候观测对象的不同，大体可以将物候现象分为非生物物候现象、生物物候现象以及人类生活方面的物候现象。这些物候现象不仅丰富多彩，而且由于它们与自然环境之间的相互联系和影响，各自都蕴含了有关大自然的丰富信息。例如，杨柳绿、桃花开、燕始来等物候现象，不仅反映了当时的天气，而且也反映了过去一个时期内天气的累积。因此，物候现象不仅反映了自然季节的变化，而且能表现出生态系统对全球环境变化的响应和适应，被视为"大自然的语言"和"全球变化的诊断指纹"。

二、物候学

尽管人类对动植物的生命周期阶段的观察和记录由来已久，但物候学作为一门科学名称的出现却是在 19 世纪中叶。物候学的英文是 Phenology，这个词的词源是希腊语 *phaino*，其含义是显示或出现。1849 年比利时生物学家查尔斯·莫伦在一次演讲中首次公开使用了他创造的这个单词，用于表达对生物周期现象的看法。在同年 12 月出版的《皇家农业与植物学年鉴》第五卷中，他也使用了该术语，并对物候学进行了定义："……一个关于植被周期性现象的重要问题。我们把这项研究整体上看作是一门特殊的科学，我们把它命名为物候学。"1853 年，莫伦发表了一篇论文，其标题中就使用了"物候学"一词。1858 年，维也纳气象研究所开始采用"物候学"这一术语，随后越来越多国家的科学家也开始使用这个术语了。

我国现代物候学奠基者竺可桢在他与宛敏渭合著的《物候学》一书开篇中指出："物候学主要是研究自然界的植物（包括农作物）、动物和环境条件（气候、水文、土壤条件）的周期变化之间相互关系的科学。"作为研究自然界植物和动物的季节性现象同环境的周期性变化之间相互关系的一门科学，物候学是介于生物学和气象学之间的边缘学科，主要通过观测和记录一年中植物的生长荣枯、动物的迁徙繁殖和环境的变化等，比较其时空分布的差异，探索动植物发育和活动过程的周期性规律，及其对周围环境条件的依赖关系，进而了解气候的变化规律及对动植物的影响。

物候学是一门古老的科学，由于学科间的交叉，其研究领域不断拓展，在文献中已经出现了诸如植物物候学、物候遗传学、物候生态学、物候地理学、区域物候学、综合物候学、农业物候学、物候测量学、旅游物候、遥感物候等名称或著述。

不同学科的科学工作者对于物候学的认识，虽然有共同点，但也往往带有各自知识背景的影响。如苏联有的地理学家在谈到物候学时，强调了它的某些地理化倾向，认为它与景观学联系密切。苏联科学院院士、地理学家 C.B. 卡列斯尼克曾指出：现代物候学是关于景观季节动态的学说，这就是说物候学不能仅仅局限在研究生物界的现象上，而应把标志整个自然综合体特征的相互联系过程，从水、热状况开始，到土壤和生物学过程为止的季节运转规律，统统列入自己所关注的范围之内。A.Г. 伊萨钦科在为《普通物候学》（Г.Э. 舒里茨，1981 年）写的序言中，对其发扬了物候学是关于自然综合体季节动态的地理学观点表示赞赏。

比利时生态学家 P. 迪维诺称：物候学是生物群落的时间结构。

美国/国际生物学规划物候学委员会则认为：物候学是研究重复出现的生物现象的时间性，及其时间性在生物和非生物因素方面的原因，以及同种或不同种各物候期之间的相互关系。这种认识虽然较多地从生物学角度提出问题，但为了把这种认识放到时间和空间范畴中深入研究，该委员会也注意到地理学上经常强调的区域。他们一方面指出，研究的单位可以是单一的种（或变种、无性系等）以及整个生态环境。同时也指出，所涉及的地区空间可能很小（密集地研究整个生态系统的全部物候期），也可能很大（区域之间重要物候的对比）；而时间单位通常是太阳年，因为被研究的现象具有与太阳年大体同时相的特点，也即它们是季节性发生的。

施瓦兹在他主编的一部物候学著作中，将书名定为《物候学：一门跨学科的环境科学》。他认为物候学是研究反复出现的植物和动物生命周期阶段，特别是它们的时机以及与天气和气候关系的科学，是一门综合反映环境变化的科学。他还认为在未来几十年里，全球变化科学将最能刺激、挑战和改变物候学的发展。

对于物候学的认识难以穷举，归纳起来，从生物学角度看，涉及了个体、种群和群落的生态；从地学角度看，则包括了规模较小的生境和广大的区域空间。物候学这种边缘学科的性质，统一在个体、种群，以及生物群落与不同规模区域环境的季节性变化这一点上。这种统一，使它具有了自己的特征和研究对象。黄秉维在为《中国农业物候图集》所做的序中指出："物候学研究的主要对象是农事活动、生物界及其他自然现象的季节性，尤其是大众都能了解的现象的季节性。"

综上所述，可以说物候学是研究自然界生物与环境条件的周期性变化之间相互关系的科学，其目的是认识自然季节现象变化的规律，从而为环境演变、农林业生产和经济建设、大众生活服务。

第二节　物候学的基本任务

物候学的基本任务，第一是观测生物和非生物环境在一年内的变化，记录这种变化到来的时刻，也即把一切可以通过直接观测予以识别的显著现象及其发生时间记录下来。例如，乔灌木或草本植物开出的第一批花朵，展出的第一片新叶，候鸟的迁来和飞去，初霜与终霜，初雪与终雪等现象及其发生的日期，都应予以观测和记载。随着科学技术的发展，今天物候学除了传统的观测研究以外，研究手段在逐步改进，如遥感和自动监测技术，自动拍照和数据网络传输等新技术的出现，使物候观测扩展到生态系统的尺度上，观测也趋于网络化。

第二，观测和记载各种物候现象的发生，仅仅是物候累积资料的基础工作，而为了研究和应用，对原始的物候记录需要审查、订正和统计加工，或可称为物候资料的整理。这是物候学的第二项基本任务。

第三，在以上两项任务的基础上，提示物候现象发生的规律。物候现象的发生有很强的地方性，因而具有空间分异的特点。需要注意的是物候学的起源虽然很古老，但近现代意义的物候学还在形成和发展。在寻求物候的规律性认识的时候，由于"物候期往往受许多因素制约，过于简单的分析，未必能做出确切的判断，而要穷原竟委又常常受到种种条件的限制，因此不能过分求全，却必须强调不能浅尝辄止"。

第四，把物候学的成果投入应用。F. 施奈勒在 20 世纪 50 年代就曾指出物候学在相关学科以及从农业到医疗保健等许多方面的应用价值。现代物候学的研究越来越贴近人类生活，除其所涉及的传统领域外，物候学在相关学科及应用领域方面不断拓宽，在全球变化、旅游、人类健康、园艺、遥感和环境要素关系分析等方面得到了很好的应用。

如在全球变化研究方面，物候学的研究为全球气候变化的研究和监测、全球物质与能量的循环等研究提供了独立的有力证据，并对传统的理论提出了新的挑战。自然物候记录是全球环境变化最直接、最有效的证据和综合衡量标准，是对仪器记录的重要补充，被誉为全球变化的"诊断指纹"，可以用来分析环境要素的变化机理，深入分析长时间尺度的气候变化和生物对环境要素变化的响应。物候变化直接影响着生物生产，对生态系统生产力和碳循环研究等具有关键性作用。

当今物候学的研究常综合其他学科，向宏观和微观两个方向发展。从以上物候学基本任务的第一点到第四点，固然有其顺序的内在逻辑关系，但在宏观上，则往往表现为几个方面相互穿插影响，而呈螺旋形向着深度和广度发展。

第一章　物候学发展简史

第一节　我国物候学的源流与发展

一、物候学的源流

在谈到各门自然科学发展的时候，人们常常喜欢引用恩格斯的一句名言："必须研究自然科学各个部门的顺序的发展。首先是天文学——游牧民族和农业民族为了定季节，就已经绝对需要它。"进而产生了天文历法。在我国，利用物候观测定季节开始于一万多年前的渔猎社会盛期，农业文明的早期。一些天文学者研究认为，"季节"最初是根据自然界的变化，主要是物候的推移以及人类生产和生活的节奏来划分的。人们为了掌握季节的种种努力，可以视为对地球公转这一天文学内容认识的起点。在观察自然现象变化，主要是物候推移的基础上形成了原始的历法——阳历的雏形。由此可见，物候学的起源确实是很古老的，以至于起源在已经很古老的天文学之前。

起源古老的物候学，对我们中华民族来说，是一门土生土长的科学。我国自古以来以农业立国，为了掌握农时，编制了物候历。《夏小正》是现存最早的、具有丰富物候内容的著作，是古代人们利用物候、天象定季节的总结。《夏小正》的主题是物候和农事，它按一年的时间顺序记载了物候、气候、天象以及渔猎、农牧、蚕桑等方面的生产劳动，形象地反映了夏代及其以前人们取得的物候、气候和节令知识。可以说这是一部三千多年前，淮河至长江沿岸一带的物候历，是古代物候学的结晶。

作为夏代遗书，我们今天看到的《夏小正》，是作为《大戴礼记》中的一篇保存下来的。从《夏小正》的文句中，可以看出哪些是"经"，哪些是后人的"传"。如："正月：启蛰。言始发蛰也。"这后一句就是"传"。去掉"传"的部分，将《夏小正》"经"的部分全文摘录如下：

正月：启蛰。雁北乡。雉震呴。鱼陟负冰。农纬厥耒。初岁祭耒，始用畅。囿有见韭。时有俊风。寒日涤冻涂。田鼠出。农率均田。獭献鱼。鹰则为鸠。农及雪泽。初服于公田。采芸。鞠则见。初昏参中。斗柄县在下。柳稊。梅杏杝桃则华。缇缟。鸡桴粥。

二月：往耰黍，禅。初俊羔，助厥母粥。绥多女士。丁亥，万用入学。祭鲔。荣堇采蘩。昆小虫，抵蚳。来降燕，乃睇。剥鱓。有鸣仓庚。荣芸，时有见稊，始收。

三月：参则伏。摄桑。委杨。羕羊。螜则鸣。颁冰。采识。妾子始蚕。执养宫事。祈麦实。越有小旱。田鼠化为鴽。拂桐芭。鸣鸠。

四月：昴则见。初昏，南门正。鸣札。囿有见杏。鸣蜮。王萯秀。取荼。秀幽。越有大旱。执陟攻驹。

五月：参则见。浮游有殷。鴂则鸣。时有养日。乃瓜。良蜩鸣。匽之兴五日翕，望乃伏。启灌蓝蓼。鸠为鹰。唐蜩鸣。初昏大火中（种黍、菽糜）。煮梅。蓄兰。颁马。

六月：初昏，斗柄正在上。煮桃。鹰始挚。

七月：秀萑苇。狸子肇肆。湟潦生苹。爽死。莠秀。汉案户。寒蝉鸣。初昏，织女正东乡。时有霖雨。灌荼。斗柄县在下，则旦。

八月：剥瓜。玄校。剥枣。栗零。丹鸟羞白鸟。辰则伏。鹿人从。鴽如鼠。参中则旦。

九月：内火。遰鸿雁。主夫出火。陟玄鸟蛰。熊罴貊貉鼶鼬则穴，若蛰而。荣鞠树麦。王始裘。辰系于日。雀入于海为蛤。

十月：豺祭兽。初昏，南门见。黑鸟浴。时有养夜（著冰）。玄雉入于淮为蜃。织女正北乡，则旦。

十一月：王狩。陈筋革。啬人不从。于时月也，万物不通。陨麋角。

十二月：鸣弋。玄驹贲。纳卵蒜。虞人入梁。陨麋角（鸡始乳）。

以上引文据中华书局出版的王聘珍《大戴礼记解诂》摘出，括号中的文字，是谢世俊依照黄模《夏小正分笺》、《夏小正异笺》和《续经解本》增补的。全文共记有天象、物候、农事、生活等事共124项。可见，在夏代，观测物候的方法已经相当多样而且成熟。

在我国最早的一部诗歌总集《诗经》中，也有一些关于物候的吟唱，特别是《豳风·七月》，它是《诗经·国风》中一首重要的长诗。先民们在日复一日、年复一年的劳动生产中，与大自然紧密地联系在一起，他们采用诗歌的形式，记述了当时豳地（现陕西平邑县、彬县附近）一年四季生产生活中的景物和事件，尤其是那些可以指导农事活动又让其感时而情动的物候现象，寄托了他们的各种生活体验与情思，被称为一首关于物候的诗歌。《诗经》与《夏小正》，可以互相参证。

战国时期成书的《小戴礼记》中的《月令》和《吕氏春秋》中的《十二纪》，也有物候方面的记载，但内容大多来自《夏小正》，而少有修改。

汉代《淮南子》中的《时则训》和《逸周书》中的《时训解》，也是与《月令》相类似的作品。其中《时训解》把《夏小正》和《十二纪》所记的物候，按二十四节气和七十二候依次叙述，这样便把物候现象的出现与阳历结合起来，便于对古今物候状况进行比较，这是古代物候学的一个很大的进步（表1-1）。此外，《史记》的《律书》，《汉书》的《律历志》，也有一些物候方面的内容。

表 1-1　七十二候与物候现象

节气	第一候	第二候	第三候
立春	东风解冻	蛰虫始振	鱼陟负冰
雨水	獭祭鱼	候雁北	草木萌动
惊蛰	桃始华	仓庚鸣	鹰化为鸠
春分	玄鸟至	雷乃发声	始电
清明	桐始华	田鼠化为鴽	虹始见
谷雨	萍始生	鸣鸠拂其羽	戴胜降于桑
立夏	蝼蝈鸣	蚯蚓出	王瓜生
小满	苦菜秀	靡草死	麦秋至
芒种	螳螂生	鵙始鸣	反舌无声
夏至	鹿角解	蜩始鸣	半夏生
小暑	温风至	蟋蟀居壁	鹰始挚
大暑	腐草化为萤	土润溽暑	大雨时行
立秋	凉风至	白露降	寒蝉鸣
处暑	鹰乃祭鸟	天地始肃	禾乃登
白露	鸿雁来	玄鸟归	群鸟养羞
秋分	雷始收声	蛰虫坯户	水始涸
寒露	鸿雁来宾	雀入大水为蛤	菊有黄华
霜降	豺乃祭兽	草木黄落	蛰虫咸俯
立冬	水始冰	地始冻	雉入大水为蜃
小雪	虹藏不见	天气上腾地气下降	闭塞成冬
大雪	鹖鴠不鸣	虎始交	荔挺出
冬至	蚯蚓结	麋角解	水泉动
小寒	雁北乡	鹊始巢	雉始雊
大寒	鸡始乳	鸷鸟厉疾	水泽腹坚

　　自秦汉以来，从正史到方志，从官方文献到私人著作，保存有很多星散的物候学资料，仍待发掘整理，而不可能一一引述。不过其中特别值得提出

的是北魏颁布的七十二候，据《魏书》记载，已与《逸周书》不同，在立春之初加入"鸡始乳"一候，而把"东风解冻""蛰虫始振"等候统推迟五天。竺可桢认为似乎魏人已经意识到物候现象发生的南北不同。虽然魏都平城（今大同）在西安、洛阳以北4个多纬度，海拔也高出800米左右，物候现象的推迟绝不止一候。

此后，唐、宋、元、明、清这几个朝代的史书所记载的七十二候和一般宪书所记载的物候，都是因袭古志，依样画葫芦。甚至连前人限于知识不足而错认的"鹰化为鸠""腐草化为萤""雀入大水为蛤"之类的谬误，也一概仍旧。这是由于那个时代，编月令成为士大夫的一种职业，他们受封建思想的束缚，动辄引经据典缺乏实际知识造成的。

反之，在接触实际的古农书、古医书和一些私人作品中，却继承着《夏小正》和《豳风·七月》的传统，不断丰富和累积着物候知识。

在农民看来，物候知识是农时的一个指针。我国最早，也是世界最早的一部农学专著《氾胜之书》写道："凡耕之本，在于趣时，和土、务粪泽，早锄早获。……杏始华荣，辄耕轻土弱土。望杏花落，复耕。"这是以物候作为农事活动适宜时机的标志。如今在广大农民中流传的许多农谚，如"枣芽发，种棉花"，"楝花开，割大麦；枣花开，割小麦；楸花开，抽蒜薹（山东）"，"燕子飞来齐插秧，燕子飞去稻花香（陕西）"等等，都是这一传统的反映。此后的《四民月令》《齐民要术》《农桑辑要》《王桢农书》，以及《田家五行》《农政全书》等都有联系实际的物候记述。

在我国古代，比较系统的物候实测工作，要推南宋浙江金华地区的吕祖谦（1137～1181年）。他记有南宋淳熙七年和八年（1180～1181年）金华（婺州）地方，两年24种植物开花结果的物候，以及动物物候方面的春莺初到、秋虫始鸣的时间。这是世界现存最早、内容丰富的实测物候记录。此外，散见于历代方志、游记、日记中的物候记载，就更丰富了。

唐宋时期一些大诗人对于物候现象的吟咏，已经显示出人们对于物候现象发生的某种规律性认识。如《和晋陵陆丞早春游望》（杜审言）、《游（庐山）大林寺》诗并序（白居易）等名篇都是很好的例证，而明清时期的一些学者关于物候的著述中，开始形成物候分布的南北差异，以及高低不同的概念，以致疑心到古今物候的不同。例如刘继庄（清）指出："诸方七十二候，各各不同。如岭南之梅，十月已开，桃李腊月已开；而吴下梅开于惊蛰，桃李开于清明，相去若此之殊。今世所传七十二候，本诸月令，乃七国时中原之气候。今之中原，已与七国之中原不合。"

在回顾我国物候学源流的时候，特别需要指出的是19世纪太平天国在南京所颁行的《天历》。它为纠正前代历书不顾物候地区差异的问题，把南京等地观测到的物候现象，编成《萌芽月令》，并把前一年观测的结果，附在后一年同月份的日历之后，以便农事活动参考。如太平天国辛酉十一年新历即包括有庚申十年(1860年)所实测的南京萌芽月令，举春季有关物候记录如下：

立春九(2月12日)，红梅花开，青梅出蕊

立春十六，南方(指两广)地暖种花麦

雨水二(2月20日)，雷鸣下雨，青梅开花

雨水十二，葱蕊开

雨水十五，天雷响

惊蛰二(3月6日)，百草萌芽、落雪

惊蛰八，南方种青萱

春分一(3月20日)，野草花、木兰青

春分二，落雪下雨，南方种苞谷

春分三，裁杉竹

春分四，南方种甘蔗

春分十，桃花(山桃开)，种瓜

春分十三，玄鸟至，五谷萌芽

春分十五，铁根海棠开花

清明一(4月4日)，桃花开

清明二，垂丝海棠开，桃花开

清明八，苑蝉鸣

二、现代物候学的创立与发展

我国现代科学意义上的物候学研究，是从竺可桢院士开始的。他留学回国(1918年)后不久，即开始观察记录物候和天气，并特别注重物候知识在农业中的应用，还勤于搜集辑理古代有关物候学的文献。竺可桢指出："我国古代劳动人民为了预告农时，创立了一种称为物候的方法。这种方法已有两千多年的历史，而且经过古代农学家如汉朝氾胜之、北魏贾思勰收集各地农民经验，已经成为一个有系统的叙述，可称为我国土生土长的一种学科——物候学。"在他一生中，曾两度组织全国的物候观测网。第一次是在1934年，因日本侵华战争，此项观测时有中断，现仅保存有1934~1940年的记录，其中1934~1936年的记录较为完整。第二次是在新中国成立后，1961年筹备，1963年全面开始观测，共发表了11号观测年报，公开发表的观测资料至1988年。他本人更是身体力行，早在1921~1931年(1926~1927年缺测)间即有记载，1950~1973年直到他去世前连续24年从未间断。他的观测记录是到目前为止，我国一个地方公开发表的、出自一个人之手的年代最长的物候记录。

竺可桢以他的治学经验指出，自然界无论哪一种知识要成为一门科学，

都必须经过一定的步骤。"简而言之，可分为如下四个步骤：第一，搜集这一门知识的第一手资料，资料必须有适当的数目，使其有代表性，而且必须精确。第二，把搜集到的材料加以详尽分析。第三，从综合分析所得结果找出自然的规律来，有了许多自然规律便可成为一门科学。第四，从所得的自然规律来预报未来，避免自然灾害，充分利用自然界的资源，更进而改造大自然。我国古代的物候知识，大都只停留在第一步搜集材料上面，很少达到第二步的。"然而，我们不能苛求于古人，物候学上的所谓生物气候定律，在20世纪20年代才建立起来。竺可桢经过研究指出："霍普金司的生物气候规律并不完全适应于我国，我们必须有各地方的多年物候资料，方能定出适应于我国的物候规律。"竺可桢亲自进行物候观测，并组织全国的物候观测网，搜集第一手资料，撰写物候学论文，他还与宛敏渭合著了我国第一本《物候学》著作，其中有专章论述了物候学的定律。在竺可桢先生的晚年，将历史时期的物候资料应用于气候变化的研究，发表了《中国近五千年来气候变化的初步研究》一文，开创了我国历史气候研究的先河。

20世纪80年代，宛敏渭依据中国科学院全国物候观测网的资料，编辑出版了《中国自然历选编》和《中国自然历续编》，两本书共包括全国不同地区的44部物候历，并采用统一的物候季节划分标准，划分了各地的物候季节。1995年，杨国栋出版了《北京地区的物候日历及其应用》一书，系统整理了1979～1987年北京地区的物候观测资料，编制了北京各区共16部物候历，使北京成为全国物候历密度最大的地区。

1980年，中国气象局建立了全国物候网络，该物候网络隶属于国家级农业气象监测网络，于1981年投入运行。1996年，因一些原因，中国科学院全国物候观测网终止了观测。2002年，中国科学院地理所重新恢复了全国物候观测网。2003年，隶属于中国生态系统研究网络（CERN）的生态站也开始进行统一的植物物候观测。进入21世纪，国内物候学的研究也开始进入了一个新的时期。

科学来源于实践，新中国成立以来，物候学不仅在农、林、果业的引种、育种和栽培，植保工作，以及医疗保健、农业气象等方面进行着本专业的物候观测和研究，而且在全球变化与生态系统的响应、遥感等方面的研究中也发挥着重要作用。近年来，国内学者在学术刊物上发表的物候学论文，在数量和质量上都有显著提高，所涉及的领域也在不断扩展。

第二节 世界各国物候学的发展

一、古代世界的物候知识

在国外，物候知识的产生也很早。早在古希腊时代（公元前 800～公元前 146 年），雅典人即已试制包括诸多物候内容的农历。及至古罗马恺撒时代（公元前 102～公元前 44 年），就已经颁布了简单物候历，以供生产应用。在 16 世纪，欧洲的一些国家就开始以某种特定的植物开始展叶，来标志春季的开始。但欧洲有组织地观察物候，实际上开始于 18 世纪中叶。当时植物分类创始人瑞典人林奈（1707～1778 年），在他所著的《植物学哲学》一书中，提出了物候学的任务，阐明了物候观测的目的和方法，以及植物的各物候期，并在瑞典组织了 18 个地点的观测网，观测植物的发青、开花、结果和落叶的时期。这一观测网的活动时间，虽为期不过 3 年（1750～1752 年），但在欧美起到了组织物候观测网的示范作用。

在林奈时代之前，欧洲各国也有个别人观测物候现象并保留了记录，如英国诺尔福克地方的罗伯特·马绍姆，从 1736 年起，即观测当地 13 种乔木抽青，4 种树木开花，8 种候鸟来往，以及蝴蝶初见，蛙初鸣等 27 种物候现象。罗伯特去世后，其家族有 5 代人连续观测，直到 20 世纪 30 年代，其间只缺 25 年（1811～1835 年），这是欧美年代最久的物候记录，其科学意义已经在英国皇家气象学会做了总结，后面加以讨论。

日本对于物候学的研究叫作季节学，从我国通用字义来讲，物候与季节完全是不同的。物候学不是完全讲季节的，但物候现象可作为季节的标志。据文献所载，日本亦有二十四节气和七十二候，是从中国传去的，节气名称也与我国完全相同。日本自中国唐宪宗元和七年（812 年）开始，即断断续续地有樱花开放的记录，迄今已达 1200 多年了，这无疑是世界上最长久的物候记录，可惜只限于樱花花期。

二、近现代世界物候学的发展

物候观测在 19 世纪中叶以前，各国虽偶有进行，但大都是零星散碎的。19 世纪中叶以后，因为资本主义国家工业的发展和人口的激增，急需增加农业生产，才开始注意物候学的研究。

以日本为例，在 8 世纪圣武天皇年代，每公顷稻米产量 1279 千克，到明治初年，每公顷产量为 2483 千克，1100 多年间只增加了一倍。但从 19 世纪中叶到 1959 年，因利用化肥、灌溉、机耕、选种、植物保护等科学方法，水稻产量已增加到每公顷 4810 千克，即短短的八九十年中，又增加了一倍。而在诸种科学方法之中，物候学也应运而生，在农业生产中发挥了一定作用。

1953 年，日本气象厅建立了由 102 个台站组成的国家物候观测网络，后曾发展到 1500 个物候观测点，属于中央观象台，目的是通过一些特殊植物和动物的物候现象来监测当地气候。农业气象与物候学已成为日本气象学的重要研究内容之一，其自然季节观测记录主要应用于下列三个方面：

1. 建立模型，预报物候期、季节到来的时间；

2. 在没有气象记录的地方，如山岳地区，可以用自然季节现象的资料作气象资料推算；

3. 历史时代气候变迁的研究，以及气候变化和植物物候之间的关系的研究。

在日本，物候学对于农业耕种、收获适宜时间的决定，植物发芽、开花、结实时间的推测，气象灾害及程度的推定等方面都发挥了很大作用。近年来，随着地面天气观测网络的现代化，物候观测在监测当地气候方面的作用被削弱了，物候研究更侧重于物候及其与当地环境演变的关系及气候变化下的物候反应。2001 年，日本政府发表了一份关于全球变暖对本国影响的报告，其中总结了气候变化对植物和动物物候的影响。从那时起，日本的物候研究取得了很大的进展。

德国从 19 世纪 90 年代起，霍夫曼花了 40 年时间做物候学的组织和观测工作，选择了 34 种标准植物，作为欧洲大陆中部物候观测对象，并每年出版欧洲物候图，如春季播种图等，包括了欧洲中部数百个物候点，在 1914～1918 年第一次世界大战时，德国粮食不足，霍夫曼的学生 E. 伊纳从谷物播种图上选出德国谷物早熟地区，开垦种植，使德国粮食得到比较充分的供应。

自 1883～1941 年近 60 年间，E. 伊纳是欧洲物候学的主要倡导者，他是最早用单一种植物（丁香）作物候图的。他把自己 59 年的物候观测记录收集在他编的 100 个点的年刊中。在德国达姆施塔特他的墓碑上，铭刻着"他的毕生事业为了物候学"。德国在 1952 年重新组织物候观测网，观测密度曾达到 90 平方千米一个观测者。

英国的物候观测，在欧美国家中开始比较早。英国皇家气象学会从 19 世纪 90 年代起就组织了物候观测网，发展到 500 个站，在 1948 年以前，常出版物候报告。前任气象局局长 N. 萧在他所著《天气的戏剧》一书中，曾竭力提倡物候学。英国有欧洲最久的物候观测记录，但因为英国的粮食、肉类大部依靠进口，对农业不那么重视，物候观测对象多限于野生植物，物候研究未紧密结合生产，因此，没有显著发展。1998 年，英国启动了一项旨在恢复物候学网络的试点计划，向更广泛的受众推广物候学。

19世纪50年代，俄罗斯地理学会开始了物候学研究，当时有600多名观察员，其中大部分来自俄罗斯的欧洲地区。在十月革命前，因为农业上的需要，物候研究所与农业有密切的联系，科学家中鼓吹研究物候最有力的有气象学家沃耶可夫，他提倡把气象和物候联合进行观测，称为联合观测法，即为日后农业气象观测法的萌芽。米丘林利用物候记录，创造出许多园艺新品种。植物生理学家季米里亚捷夫非常重视物候学，甚至说："气象条件只有我们同时熟悉植物的要求的时候，才是有用的，没有对于植物要求的了解，气象记录的无限数字，将只不过是一堆徒劳无功的废物而已。"

十月革命以后，物候学在苏联得到很大发展。志愿物候观测者的观测有了很大的扩充，从1940年起，由全苏地理学会进行领导。同时中央水文气象局也大大加强了各加盟共和国的农业气象研究。在这一期间，发表了各地区的观测结果和大量的物候图表，并有多种专著出版。

在欧洲，一些国家有较为长期的物候数据集。1957年F.施奈勒创建的国际物候园是欧洲独特的物候网络，这个网络的核心思想是通过观察基因相同的植物来获得欧洲各地的物候数据，这些记录不受植物的不同遗传密码的影响，观测的可变性和潜在的不准确性有所降低。1959年，第一个国际物候园在德国奥芬巴赫(法兰克福美因河附近)开始进行观测，至今该网络已覆盖了欧洲不同气候类型的地区(范围自38°N～69°N，10°W～27°E)。近年来通过分析该网络提供的数据，发现整个欧洲的生长期在延长。该数据还为卫星数据和二氧化碳记录提供了必要的地面数据，并将春季开始的变化与春季气温和北大西洋振荡指数联系起来。

2010年1月，瑞典正式启动了国家物候网络，以建立一个全国性的物候数据库。它的目的是观察物候变化，并了解和预测它们将如何反馈气候系统、生态系统生产力和过程，以及人类健康(花粉预测)。观测网以专业实地站和社区志愿人员为基础，网站提供了大量的反馈和服务，以及数据访问工具，物候观测结果可在网站上看到。与此同时，瑞典还将1873～1926年全国300多个地点的50种植物和25种动物的所有历史观测数据进行了数字化。

美国从19世纪后半期开始注意到物候的观测，逐渐建立物候观测网。到20世纪初叶，在森林昆虫学家霍普金司领导下扩充到全国，并提出反映物候现象空间分布规律的物候定律。美国农业部利用物候学引种驯化，对世界各国特有经济作物，逐一分析其生长、开花、结果时期，探明其温度、湿度、日光的需要，然后移植于美国适当地区。过去曾从我国移植了不少品种，著名的如移植到加利福尼亚的柑橘，移植到佛罗里达的油桐和移植到中西诸州的大豆等。在移植前，美国曾派人在我国各农业试验场、农业学校搜集移植品种的物候情报和各地气象资料，甚至从各省、各县方志中探查古代记录的物候情报。第二次世界大战以后，美国华盛顿作物生态研究所曾出版过《中国作物生态地理和北美洲类似区域》一书，其目的即在继续引种我国经济作物于美国。

20 世纪 50 年代，美国重新重视物候学，当时有一系列区域农业试验站项目，旨在利用物候学来描述季节天气模式，并改进作物产量预测。美国第一个广泛的物候观测网络始于 20 世纪 50 年代，如 1957 年在西部地区、1961 年在中北部地区、1965 年在东北部地区先后建立物候网。1954 年在威斯康星州、1970 年在北卡罗来纳州组织了州范围的物候网，珀杜大学(PurDue University)在印第安纳州发展了物候园的观测网。

美国在国际生物学规划下成立了一个国际生物学规划委员会，这个委员会注意到需要在全世界范围内合作，并包括尽可能多的适当学科，为了这个目的，该会于 1972 年 8 月在明尼苏达州的明尼阿波利斯举行了座谈会。讨论了如下几项内容：(1)综合当前的研究成果。(2)集合不同学科中的适当人士进行讨论和提供补充观点。(3)编制各个领域中的重要分支学科的情报资料，引导各个领域新的研究工作。(4)对综合的物候学，创立新的论点。(5)评议某些科学成果，为专门名词下定义。1974 年又出版了《物候学与季节性模式》一书，描绘了物候学的跨学科范围，并展示了其解决各种生态系统和管理问题的潜力。

2007 年，美国成立了国家物候网络，这是一个收集、共享和使用物候数据、模型和相关信息的个人和组织的联盟，该网络提供免费的物候数据、模型和相关信息，使科学家、资源管理人员和公众在决策和适应变化的气候和环境方面更有能力，其目的是通过促进对植物、动物物候及其与环境变化关系的理解来服务于科学和社会。

近年来，人们对物候学的兴趣激增。这种兴趣源于越来越多的人认识到，物候现象是快速变化的环境中生态和气候影响的主要指标，对自然生态系统的管理和决策支持至关重要。

第二章　物候现象发生的基本规律

本章所讨论的问题，主要是对物候现象发生期在时间和空间方面变化规律的一些基本认识。至于物候现象在发生量方面的问题，只是约略地予以涉及。

第一节　物候现象发生的时间规律

对于物候现象发生的时间规律，我们有以下一些基本认识，这就是物候现象发生的顺序相关性规律、准年周期性规律、超年波动性规律和时辰节律。

一、顺序相关性规律

各种物候现象，不但每年都按一定的先后顺序出现，而且在一定时段内一些物候现象之间，前一种物候现象出现的早迟，与后一种物候现象发生的早迟，有着密切的关系，即有所谓顺序相关性。概括地说就是物候现象的发生具有先后有序，迟早相随的特点。

形成物候现象顺序相关性的原因，显然是由于一年之内，地球表面各地所获得的太阳能量以及由此派生出来的大气环流、水分状况等都按一定时间顺序在变化，所以就发生了古人所谓的"东风解冻""雷乃发生""大雨时行""雷始收声"，以及"水始冰""地始浆"等顺序发生的非生物物候现象。

从生物物候现象来说，它们的发生都要求一定的生态条件，特别是天气、气候条件。物候记录如杨柳绿、桃花开、燕始来等等，则不仅反映了当时的天气，而且也反映了过去一个时期内天气的积累，再加上生物本身的生长、发育也具有阶段性的特点。所以，生物物候现象的发生便具有不同程度的顺序相关性。

图2-1是利用北京城区春季71年植物物候观测记录制成的，其中1950～1973年数据取自竺可桢《物候学》一书，1974～1978年以及1988年为中国科学院地理所在颐和园的观测数据，其余数据来自我们在北京城区的观测记录。从图中可以看出，这些物候现象逐年发生的日期不仅有着一定的顺序，而且具有大体一致的同步性提前或迟后的特点。图中的数据还只是植物物候现象，如果加上非生物和动物物候现象，这种顺序性的特征也是同样存在的。不仅

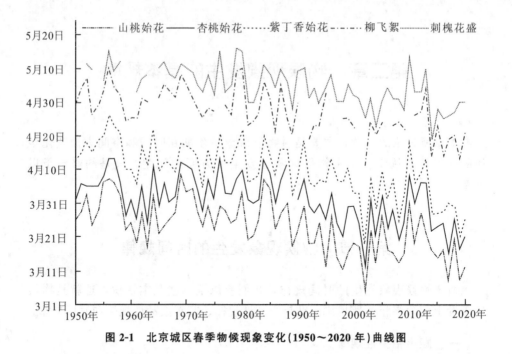

图 2-1 北京城区春季物候现象变化(1950～2020 年)曲线图

北京如此,用其他地区的物候记录制成的同种曲线图上,也反映了这一特点,只不过具体内容不同罢了。由此看来,物候现象发生的这种顺序相关性,具有某种普遍的意义。

顺序相关性的统计特征,可以用相关系数予以定量描述。表 2-1 即是根据图 2-1 的数据,计算得到的北京城区植物物候现象发生期之间的相关系数。由表 2-1 可知,北京地区春季多种植物物候现象发生期之间的相关关系极显著,均通过了 $\alpha=0.001$ 的显著性检验。从而证明春季物候现象之间确实具有顺序相关的规律性,其顺序相关的程度,有随着物候期之间期距的加长而变差的趋势。

表 2-1 北京城区春季物候现象之间的相关系数

物候现象	山桃始花	杏树始花	紫丁香始花	柳飞絮	刺槐花盛
山桃始花	1.0000	0.9362	0.8890	0.7497	0.7213
杏始花		1.0000	0.9178	0.7840	0.7847
紫丁香始花			1.000	0.8559	0.8415
柳飞絮				1.0000	0.9000
刺槐花盛					1.0000

利用物候现象发生的顺序相关性规律,我们可以对物候现象的发生期进

行预报研究。

二、准年周期性规律

在一个地方，许多物候现象的重现期，具有大体是一年的特点。即所谓"离离原上草，一岁一枯荣，野火烧不尽，春风吹又生"。竺可桢指出，白居易这首五律的四句诗，形象地揭示了物候学上的两个重要规律，第一是芳草的枯荣，有一年一度的循环；第二是这循环是随着气候为转移的，春天一到芳草就再生了。在此我们只讨论前者。

物候现象发生的准年周期性规律，可以用各物候现象重现周期的多年平均值($\overline{X}$)、标准差(S)和全距(R)予以描述，其中全距是指准年周期最长时间间隔与最短时间间隔的差值。表 2-2 是根据北京城区 71 年的物候观测记录计算的物候现象准年周期结果(数据来源同图 2-1)。以山桃始花为例，在统计年份内，山桃始花间隔的多年平均值 $\overline{X}=365.1$ 天，非常接近 1 回归年；标准差 $S=8.4$ 天；2002~2003 年山桃始花的时间间隔最长为 383 天，1980~1981 年山桃始花的时间间隔最短为 351 天，山桃始花的准年周期全距 $R=32$ 天。

表 2-2　北京城区物候现象的准年周期

准年周期＼物候现象　年度	湖面冰融	山桃始花	杏树始花	紫丁香始花	燕始见	柳飞絮	刺槐花盛	布谷鸟初鸣
平均值($\overline{X}$)/天	365.0	365.1	365.3	365.0	365.4	365.5	365.2	365.1
标准差(S)/天	10.0	8.4	8.0	8.1	7.7	7.0	6.7	11.3
全距(R)/天	42	32	34	36	32	34	37	47
统计年度数/年	35	70	68	70	36	55	61	16

物候现象发生的准年周期性规律，有助于我们深入认识物候现象发生的原动力。

三、超年波动性规律

准确地揭示物候状况长期变化的规律，需要有相应的长期观测记录。英国马绍姆家族祖孙五代连续记录诺尔福克地方的物候，从 1736 年起，长达 190 年之久。这可能是已知最长的物候记录。这份记录在 1926 年出版的《英国皇家气象学会季刊》第 52 卷上得到详细的分析，并与该会各地所做的物候记录进行了比较。著者马加莱通过对 7 种乔木初春抽青记录的研究，在物候现象发生的超年波动性方面，得到如下结论：

(1)物候现象的发生是有周期性波动的，其平均周期为 12.2 年；

(2)7种乔木抽青的迟早与年初各月(1～5月)的平均温度关系最为密切，温度高则抽青也早；

(3)物候现象的迟早与太阳黑子周期有关，1848～1909年，黑子数多的年份为物候特早年。但从1917年起，黑子数多的年份反而为物候特迟年。

我国现代物候观测的最长记录才不过几十年，然而历史悠久的我国，拥有丰富的古代文献。竺可桢从中搜集了我国古今物候不同的事实，写成了《中国近五千年来气候变迁的初步研究》。循着这个思路，在竺可桢逝世十周年纪念会上，龚高法发表了《近四百年来我国物候之变迁》的论文。文章通过对历史上散见各处的物候材料的插补和延长，建立了长江中下游地区和北京的长年物候序列。据此分析了长江中下游地区和北京物候的超年波动性，得出了如下的结论：

(1)长江中下游地区近400年来经历了三次世纪尺度的周期变化，起止时间为1580～1710年、1711～1830年、1831～1920年，平均周期约为110年，其中温暖时期和寒冷时期各持续约50～60年(图2-2)。

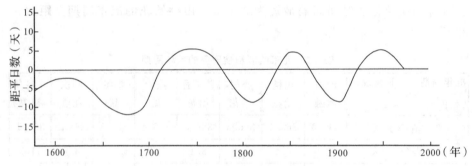

图2-2　长江中下游地区春季物候变化曲线

(2)在北京地区，根据史料和竺可桢先生等所做的物候记录，重建了1849～1983年春季物候序列，从而将北京物候记录延长了100多年(图2-3)。用能谱方法进行分析，得到7.4年、4年和2年的周期，另外17年周期也有所反映。

(3)不同时间尺度的变化，其变化幅度是不同的。世纪尺度的变化，其温暖时期比寒冷时期平均相差10天左右；几十年时间尺度的变化，可相差20天左右，逐年的变化，最大变幅可相差近30天。根据植物物候期随地区推移的规律，春季每向北1个纬度，物候期推迟4～5天。可见，上述物候期变化足可以影响到农作物分布界限和种植制度。

物候状况超年波动的研究，对于认识全球变化，以及物候与气候的长期和超长期预报等具有一定意义。

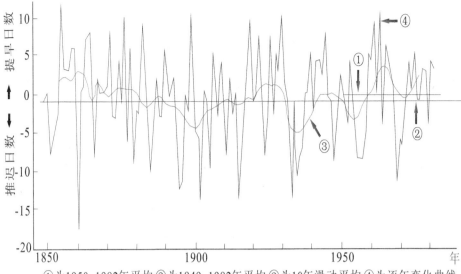

①为1950~1982年平均 ②为1849~1982年平均 ③为10年滑动平均 ④为逐年变化曲线

图 2-3　北京春季自然物候期(距平)变化曲线

四、时辰节律

近 200 多年来，人们一直把生物存在时辰节律这一现象，看作一种科学奥秘而加以探索。植物学家首先对这一现象进行了研究，观察了植物的叶子和卷须的日常活动规律。有趣的是，某些植物在一天内一定的时间开花。据此，有人设计了一座钟，钟面上用几种特殊的花的图案做标志，代替惯用的数字。后来又发现，人们常见的鸟类也存在着时辰规律。有些鸟会在白天或晚上一定的时间醒来活动。于是，又有人设计出一种以几种鸟的图案为标志的钟面。当然无论是植物还是动物，它们所表现出的时辰节律，绝不会像时钟那样准确。

据复旦大学黄文几在上海的观察，我们常见的麻雀醒来开始鸣叫的时间，变动在 4:20 至 6:40 之间。每年从 1 月中旬起，开始鸣叫的时间，逐日提早，至 6 月中旬为最早，之后又逐日推迟，至翌年 1 月，周而复始，年年如此。相临近的日期，鸣叫时间的变化，主要取决于天气状况。在晴朗无云或少云的清晨，开始鸣叫的时间较早；多云的时候就略为推迟，大约相差 2 分钟左右；阴天又更迟一些，约比晴朗无云的天气晚 6~12 分钟；若遇上雨天就更晚了，要比晴而无云的时候推迟 12 分钟以上。

在植物方面，有人观察山楂花一般从凌晨 3 点多开始，直到上午 8 点左右，花瓣即可全部展开。此时不开的花朵当日不再开放。当花期遇到连续阴天或低温、大风天气，偶尔有提前至傍晚 7~8 时，或延迟至次日清晨以后才开花的现象。

我们在对北京地区栽培较多的少瓣类荷花进行单花花期的物候观察时发现,单朵荷花的花期一般可维持 4 天。在这 4 天的花期里,荷花开放的时辰节律明显不同。荷花开花的第一天,在 5:30 左右花蕾顶部因花瓣打开而微微张开,7:30 左右花瓣张开角度达当天的最大,但花被片并未完全打开,只有顶视才能看到雄、雌蕊群,9:00 左右花瓣闭合。观察发现,该日雌蕊群呈金黄色,柱头分泌有黏液,表明其已经成熟;雄蕊群埋藏在花托与花被基部之间,花药没有开裂。偶可见蜜蜂进入。第二天,荷花在 5:00 左右花瓣开始打开,此时雄蕊已经散离花托,花药开裂,招来众多蜜蜂;由于雌蕊成熟早于雄蕊,已经授粉的雌蕊群柱头不像开放第一天那么润,但莲蓬仍呈金黄色;12:00 后花瓣逐渐闭合。第三天,荷花花瓣打开的时间迟于第二天,6:00 前后,荷花重新开放,散粉后的雄蕊显得萎蔫,莲蓬由金黄色变为绿黄色,虽偶尔会有蜜蜂光顾,但数量明显少于第二天;当日荷花开放的时间可以持续到 19:00 前后,开放时间是单朵荷花花期中持续时间最长的一天。在这一天,荷花最外围略小的花瓣开始脱落。第四天,清晨 5:00 左右,荷花重新开放。与前三天相比较,此时荷花的花瓣已经显得不那么鲜润,雄蕊萎蔫,莲蓬已经变为黄绿色,开放后不久就开始有花瓣脱落,特别是当遇到有风的天气,往往在上午花瓣就都脱落了,即便无风花瓣也会在日落前基本脱落光,至此一朵荷花的开花历程就结束了。

许多动物和植物的时辰节律,往往是协调的。夜间开花的植物为夜间活动的蛾类提供花蜜,反过来,这些昆虫又可以帮助植物授粉。这种时辰节律,也有人称为昼夜节律或近似昼夜节律(Circadian rhythm)。Circadian 源自拉丁文 *Circa dies*,*Circa* 有近似的意思,*dies* 是"日",二者组合成一个形容词,有近似昼夜的含义。

对于时辰节律的研究,大部分文献只是记载了反映这种节律的事实,仍需要积累和逐步整理这些事实,寻找其形成原因,揭示其规律。

第二节 物候现象发生的空间规律

揭示物候现象发生的空间规律,需要获取许多地方同一时期的物候资料。因此,这方面的研究,是在 19 世纪欧洲、北美洲一些地方设置了许多物候观测站之后,才有了进展。在此之前,认识多是感性的,带有很大的经验性。例如,在我国,清代学者全望祖在所撰写的《刘继庄传》中,引述了刘继庄(1648~1695 年)这位地理学家的一段话:"诸方七十二候,各各不同。如岭南之梅十月已开,桃李腊月已开;而吴下梅开于惊蛰,桃李开于清明,相去若此之殊。"这可以说是对于物候现象发生时间因地而异的一种初步概括。限于当时的历史条件，还不可能拿出具体的数据予以论证。

美国森林昆虫学家霍普金司，从 19 世纪末叶起，花了 20 多年的时间专门研究物候，尤其是美国各州冬小麦的播种、收获与生长季节的关系。霍普金司认为植物的阶段发育受当地气候影响；而气候又受制于该地区所在的纬度、海陆关系和地形等因素。换言之，即受纬度、经度和海拔高度三方面的影响。他从大量的植物物候材料中做出如下结论：在其他因素相同的条件下，北美洲温带地区，每向北移动纬度 1 度，向东移动经度 5 度，或上升 122 米，植物的阶段发育在春天和初夏将各延期 4 天；在晚夏和秋天则相反。

霍普金司提出这一生物气候定律，在人类揭示物候现象发生的空间规律的道路上，无疑是一座重要的里程碑。然而正如竺可桢所指出的，霍普金司的物候定律，如以物候的南北差异而论，应用到欧洲便须有若干修正。据英国气象学会的长期观测，从苏格兰最北的阿伯丁，到南英格兰的布里斯托尔，南北相距 640 千米，即 6 个纬度弱，11 种花卉的开花期，南北早迟平均相差 21 天，即每 1 纬度相差 3.7 天。而且各种物候并不一致，如 7 月开花的桔梗，南北相差 10 天，而 10 月开花的常春藤，则相差至 28 天。至于德国的格曾海曼地方，纬度在意大利巴图亚之北 4 度 6 分；两地开花日期，春季只差 8 天，但夏季要差 16 天。换言之，即春季每 1 纬度相差不到 2 天，而夏季每 1 纬度可差 4 天。欧洲西北部挪威，则每 1 纬度差异，在 4 月是 4.3 天，5 月减为 2.3 天，6 月又减至 1.5 天，到 7 月只差 0.5 天。由此可知南北花期，不但因地而异，而且因时季、月份而异，不能机械地应用霍普金司的定律。即使在美洲，霍普金司定律应用到预报农时或引种驯化，也都须经过一系列等物候线图的订正。

至于物候的东西差异，主要是由气候的大陆性强弱所致。凡是大陆性强的地方，冬季严寒而夏季酷暑。反之，大陆性弱或海洋性气候的地区，则冬春较冷，夏秋较热。在中欧北部，从西到东，离海渐远，气候的海洋性也逐渐减弱而大陆性逐渐增强。同一纬度的地带，春初东面比西面冷，而到初夏，变成东面比西面热。这一点可以从中欧北部 2 月和 6 月的等物候线与等温线的分布（1936～1939 年）充分体现出来（图 2-4）。在 2 月份，中欧北部西面较东面温和。所以，雪花（一种植物）始花的等物候线方向一般自西北到东南。但到六月里，冬黑麦开花的等物候线方向却成为西、西南至东、东北了。欧洲东西部物候迟早的差别，还可以从对俄罗斯的莫斯科和德国的格曾海曼两地物候期的比较中体现。两地纬度相差 6 度强，而东西经度相差 30 度。所以，东西的差别是主要的。从表 2-3 可知，两地的物候现象发生期，从春到夏逐渐缩小。

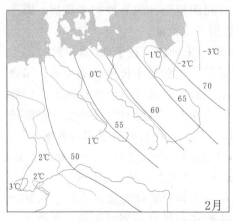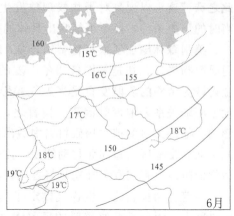

图 2-4 中欧北部 2 月和 6 月等物候线和等温线(1936～1939 年平均)示意图

——表示等物候线。左图 2 月为雪花始花；右图 6 月为冬黑麦抽穗和开花，
燕麦抽穗。(等物候线旁注的数字为日期)

——表示等温线。左图为 2 月等温线，右图为 6 月等温线。

表 2-3　俄罗斯莫斯科和德国格曾海曼春夏物候日期的比较

地名	纬度	经度	款冬开花	白桦开花	丁香开花	椴树开花	冬黑麦成熟
莫斯科	55°45′N	37°34′E	4 月 6 日	5 月 5 日	5 月 23 日	6 月 29 日	7 月 27 日
格曾海曼	49°30′N	7°30′E	3 月 8 日	4 月 10 日	4 月 29 日	6 月 10 日	7 月 17 日
相差日数	—	—	29 天	25 天	24 天	19 天	10 天

　　我国地处亚洲东部。虽濒临太平洋，但一般说来具有大陆性气候的特点。只是临近黄海、东海的地区，受局部的海洋影响比较明显，这对于农业生产有很大影响。以山东烟台与济南对比来说，烟台的纬度虽比济南向北不到 1 度，但春天 3～5 月的气温，烟台却比济南要低 4℃多。到秋后则烟台气温反比济南高，如表 2-4 所示。烟台以产苹果著名，济南虽也可产苹果，但不如烟台那样丰收而物美。原因之一就是由于济南苹果开花在清明前后，正值大风的时候，易受摧残。烟台春晚，苹果开花要迟到谷雨之后，可以避免寒潮。

表 2-4　烟台与济南气温比较表(℃)

地点	1 月	2 月	3 月	4 月	5 月	6 月	7 月	8 月	9 月	10 月	11 月	12 月	年平均
烟台	-1.9	-0.8	4.3	11.7	17.8	22.6	25.8	25.5	21.6	15.6	8.2	1.4	12.6
济南	-1.3	1.6	8.3	16.0	22.5	27.1	28.2	26.5	22.2	16.2	7.9	-0.8	14.5
相差	-0.6	-2.4	-4.0	-4.3	-4.7	-4.5	-2.4	-1.0	-0.6	-0.6	+0.3	+2.2	-1.9

　　不但华北如此，在华中凡是邻近海洋的局部地区，在春夏期间，尤其是 4～6 月三个月中，受海水冷源的影响，温度都比离海较远的地方低。如表 2-5

所示。宁波与九江虽在同一纬度上，但4～6月三个月的平均气温宁波都要比九江低2℃以上。因此，在沿海地区，水稻下种的日期必须延迟2～3周，这样就影响了水稻的发育。

表 2-5　宁波和九江气温比较表(℃)

地点	1月	2月	3月	4月	5月	6月	7月	8月	9月	10月	11月	12月	年平均
宁波	4.3	5.1	8.9	14.2	19.4	23.5	28.1	28.0	23.9	18.7	13.3	7.8	16.3
九江	3.4	5.5	10.5	16.2	22.3	25.9	29.7	29.5	24.7	18.6	12.3	6.5	17.1
相差	+0.9	−0.4	−1.6	−2.0	−2.9	−2.4	−1.6	−1.5	−0.8	+0.1	+1.0	+1.3	−0.8

我国是一个多山的国家。所以随地形、地势而变的物候变化很早就引起了人们的注意。这一点，在唐、宋诗人的吟咏中也有反映。唐朝宋之问《寒食还陆浑别业》诗云："洛阳城里花如雪，陆浑山中今始发。"白居易《大林寺桃花》诗云："人间四月芳菲尽，山寺桃花始盛开。"按大林寺在今庐山大林路，海拔1100～1200米，与庐山植物园高度相近，估计平均温度要比山下低5℃，春天物候比山下大约晚20天。两地高度相差愈大，同一物候期早晚的差别也就愈大。在长江、黄河流域的纬度上，海拔超过4000米，不但无夏季，而且也无春秋了。李白《塞下曲》写道："五月天山雪，无花只有寒。笛中闻折柳，春色未曾看。"这种写实反映了我国西部高山物候现象的垂直变化。

物候现象的出现，由春至夏，如抽青、开花等，越到高处越迟；由夏到秋，如乔木的叶变色、落叶、冬小麦的下种等，则越到高处越早。但是推迟和提早多少，则各处并不能如霍普金司物候定律所确定的每上升121.92米相差4天那么绝对。

在我国西南山区，一天的汽车行程之内，便可以看到整个平地上几个季节的农事。竺可桢对此曾做过实地考察。1961年在川北阿坝藏族自治州，他于6月3日早晨从阿坝县出发，路过海拔3600米处，水沟尚结冰。行244千米至米亚罗海拔2700米处，已入森林带；此处已可种小麦，麦高尚未及腰。再前行100千米，在海拔1530米处，则小麦已将黄熟。再下行至茂文海拔1360米处，则正忙于打麦子。晚间到灌县海拔780米处，则小麦早已收割完毕。

在欧洲的一些国家，对于山区物候颇有研究。据德国黑林地区和捷克苏台德山区的研究，作物从下种到成熟的时期，山上比山下为短。如燕麦，在黑林山区海拔1000米处，只需205天便成熟。到山下200米处，却需250天，相差达45天之多。在苏台德山区海拔相差500米的高处的农作物生长期缩短35天。如把作物的整个生长期分为发育期和成熟期两个阶段，则高度对二者的影响又有不同。在作物的发育期，所受的影响更大，一般在高处长得更快。

在法国，据 9 个丘陵区 10 个年度的观测结果分析得知，高度每高 100 米，紫丁香抽青要迟 4 天，开花还要多迟一些，差 4.3 天。其余如七叶树、橡树等的物候，也有同样差异。秋天树木落叶和冬小麦播种，高处要比低处早，每 100 米相差日数也不一致，依地点和季节而不同。

秋冬之交的物候，有一点值得说明，这时期天气晴朗，空中常常出现逆温层，即气温随高度升高而升高的现象。这一现象在山地的冬季，尤其早晨极为显著。在欧洲，逆温层离地只不过 100 米左右，再向上气温就降低了。即便如此已可影响到农时。在德国黑林地区，麦类播种高处早而低处迟，但一年中种得最迟的不在山脚下，而在离山脚 100 米处。因为此处秋天早晨的逆温层使它具有全区最高温度。我国华北和西北一带，不但秋冬逆温层极为普遍，而且远比欧洲高厚，常可高达 1000 米。在华南丘陵区引种热带作物，秋冬逆温层的作用非常重要。引种热带作物在山腰可行，而在山脚反而不合适，这几乎是普遍现象。

在积累了相当的物候资料的基础上，可以对物候现象发生的空间规律进行数理统计的分析。日本学者中原孙吉（1948 年）提出了樱花开花期（Y）与纬度（ϕ）、经度（λ）以及海拔高度（h）的关系式，即：

$$Y = 93.883 + 5.729(\phi - 35°) - 0.162(\lambda - 135°) + 1.606h \qquad 2.1$$

在 2.1 式中，Y 为某地点樱花开花日期，该日期是以 1 月 1 日为起始日期的序日。ϕ 为纬度，λ 为经度，h 为海拔高度（单位：100 米）。

按照 2.1 式，在日本，樱花开花期，纬度每隔 1° 相差 5～6 天，海拔每升高 100 米相差约 2 天，而经度的差别很小。此外，对于许多别的植物、鸟类和昆虫的物候现象，也得到了类似的公式。这些公式可以用来概括地推算无观测资料地点的平均物候期。

20 世纪 60 年代以来，在我国也积累了一些地点的物候观测资料。到了 20 世纪 80 年代，龚高法等用同样的方法对我国广大范围内一些植物物候现象发生的空间分布规律进行了研究，得到了一系列的公式，其通式表示如下：

$$Y = a + b(\phi - 30°) + c(\lambda - 110°) + dh \qquad 2.2$$

只要将表 2-6 中的 a、b、c、d 数据代入 2.2 式，即可得出某一种植物物候现象多年平均日期的推算式。例如山桃始花的公式如下：

$$Y = 56.99 + 3.28(\phi - 30°) + 0.55(\lambda - 110°) + 0.81h \qquad 2.3$$

在 2.3 式中，Y 为以 1 月 1 日为起始日期的序日。

根据表 2-6 中数据，可以绘制出每相差 1 个纬度物候期季节变化的曲线（图 2-5），用以表示全年各月每相差 1 个纬度物候期相差的日数。由图 2-5 可知，物候期大体以 7 月为界，7 月以前由南向北物候期逐渐推迟。7 月以后，物候期则逐渐提早。而且各时段每移动 1 个纬度，物候期相差的天数是不一样的。

表 2-6　适应于 2.2 式的系数表

Y	a	b	c	d	起始日期
毛桃芽膨大期	45.01	+5.61	+0.92	+1.25	1 月 1 日
榆树芽膨大期	24.43	+4.16	+0.53	+0.59	2 月 1 日
垂柳芽开放期	39.41	+3.88	+0.78	+0.97	1 月 1 日
榆树始花期	48.00	+3.55	+0.37	+0.90	1 月 1 日
山桃始花期	56.99	+3.28	+0.55	+0.81	1 月 1 日
侧柏始花期	46.03	+4.73	+0.87	+0.36	1 月 1 日
杏树始花期	25.28	+3.74	+0.78	+1.54	2 月 1 日
垂柳始花期	30.03	+3.62	+0.71	+0.38	2 月 1 日
桑树始花期	29.54	+3.09	+0.36	+0.72	3 月 1 日
胡桃始花期	29.72	+2.53	+0.73	+1.37	3 月 1 日
紫藤始花期	30.28	+2.40	+1.10	+0.73	3 月 1 日
板栗始花期	43.69	+2.02	+0.90	+1.00	4 月 1 日
合欢始花期	27.30	+2.53	+0.07	+0.60	5 月 1 日
梧桐始花期	16.49	+1.06	+0.36	−0.33	6 月 1 日
槐树始花期	48.27	+0.72	+0.19	+0.32	6 月 1 日
紫薇始花期	39.21	+0.49	+0.25	+0.53	6 月 1 日
桂花始花期	26.60	−2.39	−0.02	−0.06	9 月 1 日
野菊花始花期	84.28	−3.81	−0.08	−0.69	8 月 1 日
榆树落叶末	82.47	−3.62	−0.36	−0.77	11 月 1 日

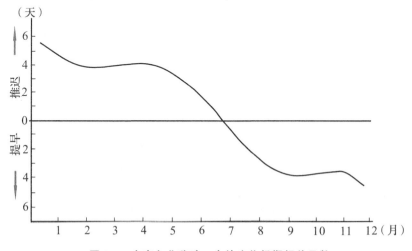

图 2-5　由南向北移动一个纬度物候期相差日数

应当指出，按照2.2式和表2-6计算出的物候期，同实际平均日期有时误差较大，但仍大体反映了我国春夏秋三个季节植物物候期的地理分布规律，对科学研究和生产仍有一定的参考价值。

为了进一步认识气候变化对植物物候期地理分布规律的影响，郑景云等利用20世纪60年代至20世纪90年代的物候资料，又重新开展了我国主要物候期随地理分布的规律的研究。研究表明，20世纪80年代以后，我国春季主要物候期随地理位置的推移幅度的变化规律是：自2月底至5月初，纬度每差1度，物候期平均相差2.8天；经度每差1度，物候期平均相差0.49天；海拔高度每差100米，物候期相差1.1天。对比龚高法的分析可以看出：20世纪80年代以后，我国春季主要物候期随纬度变化的幅度比20世纪80年代以前要小，随经度和海拔高度变化的幅度与20世纪80年代以前比较略有变化，这种变化趋势与我国春季温度变化的趋势是一致的。

我国的物候期变化对温度变化具有较明显的响应关系，故物候期变化可以作为一个较好的气候变化代用指标，即根据物候期变化推断温度变化具有明确的气候学含义，这对气候与环境变化具有非常重要的借鉴意义。

第三节　有关物候发生量的一些问题

物候现象的发生，不仅有一个时间问题，还有一个数量问题。从某种意义上说，这一点具有更重要的实际意义。例如农作物收成的丰歉，果树的大小年，以及农林害虫、害兽的密度和数量等等，都是人们十分关心的物候发生量问题。在这方面已经累积了不少的实际资料，本节只是挂一漏万地介绍一些有关情况。

一、树木结实的大小年

我们常常遇到一种树木，它在这一年能得到很高的籽实产量（大年），但到下一年结实就大量减少，甚至不结实（小年），出现一种大年和小年的交替周期性。图2-6和图2-7分别是文冠果和红松结实间隔期曲线。

有时还可以见到一些树木，它们在这一年内，在这一部分枝上结实，到了下一年则在另一部分枝上结实，这样就会在同一株树上同时出现大小年。

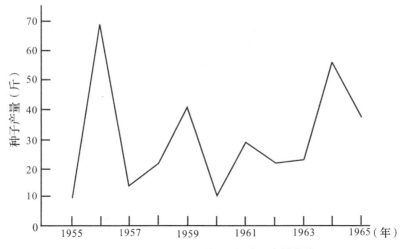

图 2-6 文冠果 40 号植株 11 年种子产量曲线

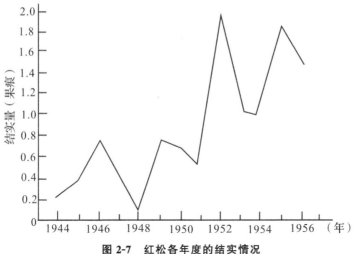

图 2-7 红松各年度的结实情况

　　大小年现象有时甚至会出现在一个区域。表 2-7 所列的福建省 20 世纪 50 年代和 20 世纪 70 年代龙眼的产量就是一个很好的例子。20 世纪 50 年代奇数年是大年，而 20 世纪 70 年代的大年变成了偶数年。

表 2-7 福建省 20 世纪 50 年代和 20 世纪 70 年代的龙眼产量(单位：万担)

年份	1950	1951	1952	1953	1954	1955	1956	1957	1958
产量	31.00	66.00	27.83	67.01	19.26	101.48	30.68	63.90	31.91
年份	1970	1971	1972	1973	1974	1975	1976	1977	1978
产量	83.05	49.64	78.28	46.06	70.44	35.74	91.62	25.90	65.00

形成树木结实大小年的原因，从树木本身来讲，常与树龄有关。处于生长结实期的植株，营养生长占优势，结实产量不断增加，一般没有大小年现象；但进入结实盛期后，往往易出现大小年。从外界条件来说，自然灾害常常成为大小年的一种起因；对于果树来说，不合理的管理技术措施，也会导致大小年现象的出现。不论何种原因，都是破坏了树木生命周期和年周期发育的正常节奏，造成生命活动与外界的不协调，同化器官和根系的活动与结实情况不相适应，或直接破坏了开花结果器官等。

二、动物种群的数量变动

为研究鸟类数量的变动，必须在不同的时间进行统计观察。图 2-8 是英国牛津附近大山雀数量季节变动周期的实例，以年份为横坐标，并按春、夏、秋、冬的顺序排列，在纵坐标上表示出雏鸟出巢的只数。

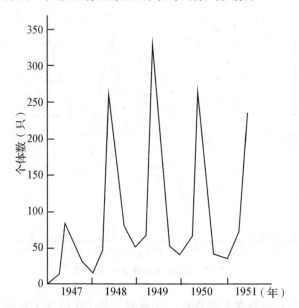

图 2-8　英国牛津附近森林中大山雀的季节性数量变化

从图 2-8 可以看出，每年雏鸟出巢的数量，夏季最多，冬季最少，具有明显的周期性变化。

中国科学院西北高原生物研究所朱盛侃等，曾经进行过新疆塔西河农业区小家鼠数量变动趋势的研究。图 2-9 是 1967～1977 年该地不同生境小家鼠年平均数量消长曲线。

塔西河地区小家鼠自然种群数量消长的 10 年资料表明了这样一个事实，即该地区小家鼠自然种群数量在不同生境年份的演变中，各自存在着不同的

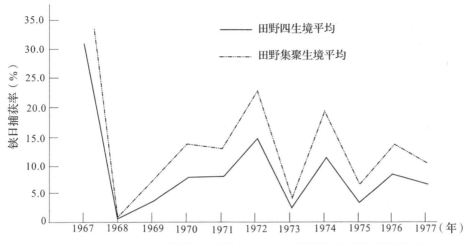

图2-9　1967～1977年塔西河农业区各生境小家鼠数量(年平均)消长曲线

特性。数量上，开春时的捕获率，小爆发年份波动于3％～4％，中数量年份为1％～2％，低数量年份在1％以下。但需要指出的是，小爆发或大爆发年后，开春时，若捕获率连续出现两个不到1％的年份，则第二个年份的数量一定比头一年份的高，或为中数量年，而不是低数量年份(1976年)。一年中，数量最高的10月份田野四生境的平均捕获率，小爆发年约为30％，中数量年份为16％～20％，低数量年份约在12％以下；田野集聚生境的平均捕获率，小爆发年份约在45％以上，中数量年份为24％～33％，低数量年份在3％～23％。种群繁殖，小爆发年份短，中数量年份长，低数量年份与中数量年份相似。雌性成体怀孕率，10月份，小爆发年份在20％以下，中数量年份约50％左右，低数量年份在50％以上；11月份，小爆发年份出现"负反馈"现象，中数量及低数量年份还存在10％～30％以上的怀孕的雌性成体。总的胎子数，小爆发年份低，低数量年份高，中数量居中。数量增长强度上，小爆发年份增长相对较小，低数量年份相对较大，中数量年份有的类似于前者，有的类似于后者。

根据剖析，尽管影响数量消长的内因是多方面的，但可将其归属于两类因素：一类为有利因素，如低密度时，种内斗争减少，与其发生连锁关系的有繁殖期长，怀孕率高且下降迟缓，胎子数高，冬期死亡小，数量增长的强度大等，但同时又存在不利方面，如开春基数低。另一类为不利因素，如高密度(大爆发、小爆发)时，种内斗争加剧，与其发生连锁关系的有繁殖期短，怀孕率较低且下降快，胎子数低，冬期死亡率大，数量增长的强度小等，但同时又存在有利方面，如开春基数高。而这两类因素又是相互制约、相互联系，对立统一于各个阶段(各数量级)中。当某一因素由弱变强的同时，另一因素则由强变弱，到一定的程度，又向其相反的一面发展，因而推动着数量由低到高、由高到低的转化。这样看来，种群的高数量（大爆发与小爆发）与低数量的关系，彼此又是互为因果的关系。关于内因问题，国外学者从各种途径诸如生理、遗传、行为（尤其对于后者）等方面做了不少的工作，而且取得了一些进展。然而朱盛侃等认为这些因素若与种群密度有联系的话，那么都是服从于种群数量的，同时又反过来影响种群数量。种群数量虽是一表征，但其在诸内因中，又起着主导的作用。

种群周期，实质上是由量变到质变的发展过程。这个质变，就是以"负反馈"的出现为转折点。若以此为标志，可以认为北疆农区小家鼠自然种群应有大爆发周期和小爆发周期之分，两者皆有"负反馈"的出现，不过前者出现的早，后者明显晚；前者由这次到下次爆发的时间间隔长，后者则短。以危害比较，大爆发年份在5～6月即开始，直到秋后，且造成严重的灾害，小爆发年份只局部地区受到较轻的损失。另外，不论大爆发或小爆发周期，在"量"与"质"的演变中，又存在不同的阶段性，即当"负反馈"出现后，数量高峰（大爆发及小爆发年份）即转化为数量低潮（低数量年份），之后数量又趋于回升（中数量年份），这就是该地区小家鼠自然种群周期中数量演变的总过程。然而，就已掌握的10年资料来看，在这不同的阶段中，数量发展的趋势又较为复杂。如大爆发年份及小爆发年份的数量发展趋势，只有一种途径，即一致地转化为低数量年份；低数量年份的数量发展趋势有两种途径，一是直接发展为小爆发年份，二是发展为中数量年份；而中数量年份的数量发展趋势又分为三种途径，一是继续中数量年份，二是发展为小爆发年份，三是发展为大爆发年份。

总之，塔西河地区小家鼠自然种群周期的过程是较为复杂的，几个小爆发周期又寓于一个大爆发周期之中。尽管如此，它是可以认识的。

第三章　物候观测

传统的物候观测是指通过人的观察对物候现象的发生进行记录。随着科学技术的发展，卫星、航空遥感技术广泛应用于植物物候监测，成为新的物候观测手段，但由于其空间分辨率较低，物候的人工观测仍具有不可替代的作用。本章所讨论的是物候的人工观测方法。

第一节　概　述

物候观测须按照统一的方法进行，以便相互比较。这里讨论的是普通物候观测，其中所涉及的一些原则，亦可作为其他种类物候观测的参考。

一、物候观测点的选定

在进行物候观测之前，首先应选定观测点。选点时可参照以下两项原则：

1. 选定的地点能够多年进行观测，以保证观测的连续性；

2. 所选的观测点，应能够对那个地方的环境条件（如地形、土壤、植被等）具有代表性，尽可能是平坦开阔的地方。

物候观测点选定之后，应将地点名称、生态环境、海拔、地形（平地、山地、凹地、坡地等）、位置（在建筑物哪边、距离建筑物多远等）和土壤等情况详细记载，并作为观测档案保存。

由于在一个固定的地点，针对固定的观测对象（主要指植物），因此观测的年代越长，所记录的物候资料越宝贵。所以，没有特殊原因，一般不要随意更换物候观测地点及已选定的观测对象。如必须移动观测点，应重新选定观测点，新观测点的生态环境、海拔、地形、位置和土壤等，须重新详细记载，作为新档案。但旧档案仍应保存，以便将来查考。

二、物候观测对象的选定

物候观测中木本和草本植物的选定，应以当地常见种类为主。作为观测对象的动植物名称，必须进行专业鉴定。在未鉴定之前，可暂时使用当地群众通用的名称，但必须及时采制标本，并正式进行鉴定。

木本植物进行实地观测系采用定株方法，选定后最好做个标志，如挂标志牌，并写明植物名称。

植物的选定，以露地栽培或野生植物为准，盆栽植物不适宜作为物候观测对象。

所选定的植株应该是发育正常而且达到开花结实三年以上的中龄树，每种宜选 3～5 株作为观测对象，如不足此数，则只好择优，或全部观测。在观测记录簿上，应明确记录被选定的各种树木的数量。

选定的树木应保持正常生长发育。一般来说，在小丘顶上、深谷中、沼泽上的，都不适宜选作观测对象，但为考察特殊地形或特殊环境下的物候，则可不受上述条件的限制。

草本植物的物候观测，应当在某一地点众多植株中选定若干株作为观测对象。草本植物发育时期出现的早、迟与小气候的关系很密切，为避免局部小气候的影响，草本植物观测场地应尽量选在比较空旷的地方。

对鸟类和昆虫的观测，则不限于固定观测地点。由于动物活动的范围较大，因此在观测点附近看见的虫鸟或听见的叫声，即可记录。

三、物候观测的时间

物候观测是常年进行的，宜于每天观测，如人力不足，可以隔一天观测一次。在选定的观测项目中，如无隔一天观测一次的必要时，可以酌情减少观测次数，但必须以保证不失时机为原则。植物冬季停止生长，可以斟酌情况停止观测。

观测植物物候现象的时间最好在下午，因为上午未出现的物候现象，在条件具备后，往往在下午出现（这是因为植物的物候现象常在高温之后出现，而一天之中，一般在 14 时前后气温最高）。但有些植物早晨开花，下午就落而不见了，对于这些植物，则须在上午进行观测。

观测时间宜随季节和观测对象灵活掌握。鸟和昆虫习惯在早晨或晚间鸣叫，就宜在早晨或晚间听其鸣声。秋、冬及春季早晨常有霜，即宜在清晨去观测记录，而要观测霜对植物是否有伤害，则应于当天下午调查危害情况。

四、植物物候现象发生的始、盛和末期的判定

在植物物候现象的观测中，开花期可分为开花始、开花盛和开花末期，展叶期可分为展叶始、展叶盛和新叶幕期，叶变色期分为叶始变色、叶变色盛和叶变色末期，落叶期分为落叶始、落叶盛和落叶末期，果实或种子成熟期分为果实或种子始熟和果实或种子全熟期，果实或种子脱落期分为果实或种子脱落始和果实或种子脱落末期等。具体区分标准详见以下各节。

同一观测点对同一种植物若干株观测时，应对所有观测植株做总的判定。当一半以上植株达到某一发育期时，就是到了某一发育期的开始。例如，选

定某种树 5 株，看见有 3 株开花，就是进入了开花始期，我们所需要记录的就是观测到该物候现象第一天的日期，也就是开花始日。

如为了特定目的，在不同地形部位进行物候观测时，如阳坡、阴坡、山顶、山麓……须分别记载不同地形部位被观测对象，每个发育时期的出现日期。

对木本和草本植物进行物候观测，始期的标准更容易把握，不容易出现歧义，要着重记录，尽量不要错过。

五、观测树种雌雄株的选定

雌雄异株的树木，其花期会有差异，观测开花期时应分别记载，而果实的观测则仅需观测雌株。因此，在可能情况下，对于雌雄异株的树木，选择观测对象应包括雄株和雌株。如只有雄株或雌株，只好观察其中一种。对于雌雄异株的树木，在观测记录时需注明雄株(♂)或雌株(♀)。

六、植株观测部位的确定

在进行物候观测时，应尽可能靠近植株，不可在远处粗粗一看即过。树木顶上的枝条，萌动发芽较早，下部枝条萌动发芽较迟，如树木不太高，目力可看清树顶，观测发芽需注意观察其顶部。对于高大乔木，顶端枝条的发育期往往不易看清，可用望远镜或用高枝剪剪下小枝观察，无条件时也可观察树冠外围的中下部。

在春季，树木南侧枝条的物候现象常出现较早(特殊情况例外)，为不错过记录，宜注意观察向南一侧的枝条。

七、对候鸟、昆虫等动物的物候观测

主要观测候鸟、昆虫的始见、始鸣、绝见、终鸣日期。始见、始鸣为一年中第一次见到某种鸟、某种昆虫或第一次听到某种鸟、某种昆虫的叫声，绝见、终鸣为在一年中最后一次见到某种鸟、某种昆虫，或最后一次听到某种鸟、某种昆虫的叫声。因此，在实际观测中，应每看见一次或听到一次鸣叫声都做记录，以免出现漏记，影响观测记录的准确。此外，还可以记录上述物候现象的盛发日期。

八、对气象、水文现象的观测

观测记录某种气象、水文现象(如对霜、雪、雷、闪电、结冰等)出现的初日(初次)、终日(末次)，必须每次看见(听见)这些现象都予以记录，这样才可免于漏记。

有些气象、水文现象，只要发生在观测点附近，即可记录，如河、湖、坑、塘的冻融等。

九、对观测人员的要求

物候观测须由经过训练的专人负责，并保持观测人员的稳定性。但平时也应注意培养补充人员，以便现职观测者因故不能观测时有人接替，避免记录中断。

十、对观测记录的要求

物候观测记录应随看随记，不可凭记忆事后补记。

第二节　木本植物物候的观测

木本植物物候的观测主要包括萌动、展叶、开花、果实或种子生长发育、新梢生长、叶秋季变色和落叶等物候期的观测，观测项目包括树液开始流动、芽膨大、芽开放、展叶、花蕾（序）出现、开花、果实或种子成熟、果实或种子脱落、新梢生长、叶变色、落叶等物候现象的发生期。当物候现象在观测对象上出现的第一天，不论其数量多少，这一天就是该种物候现象出现的开始日期。物候观测所需要记录的就是各种物候现象发生的开始日期。

一、萌动期

对于多年生的木本植物来说，萌动期就是它们的芽从冬季的休眠状态转入生长的标志，也是早春时节最富有特征的物候现象，包括对植物树液开始流动、芽膨大、芽开放等物候现象发生期的观测。

1. 树液开始流动期

树液开始流动是指树木从新伤口处出现水滴状分泌液。一年中，树液开始流动现象往往发生在树木芽出现明显萌动之前，不仅是树木结束休眠后最早发生的物候现象，而且与芽膨大等物候现象相比较，更易于观察。该现象的出现，对于冬末春初观测者开始加密观测具有很好的提示作用。在北京地区，比较容易观测到树液开始流动现象的有元宝槭等槭属植物。

2. 芽膨大期

物候观测的芽膨大是指树木结束冬季休眠后，即隆冬过后，在宏观上能够看到树木芽最初开始生长的日期。一般来说，具有鳞片包裹的芽，当它的鳞片开始分离，从侧面显露出淡色的线形、角形或人字形新痕时，就表明它的芽开始膨大，进入芽膨大期了，我们记录的就是看到该现象发生的第一天，记为芽始膨大日。

有些树木芽的结构比较特殊，分别说明如下。

（1）侧柏：当褐黄色的雄球花萌动，鳞片间开始出现浅色条纹时，就是侧柏雄球花的芽开始膨大了。

（2）油松：在春季，当顶芽的鳞片开始反卷，出现鲜棕色新痕时，就是油松芽开始膨大了。

（3）榆树：在芽的鳞片边缘，因芽膨大而拉出白色绒毛时，就是榆树芽开始膨大了。

（4）玉兰：在春天，具有绒毛的外鳞片从顶部开裂时，就是玉兰的芽膨大了。

（5）刺槐：在春季，当叶痕突起，出现人字形的裂口（冬季间或有裂缝，但不规则）时，就是刺槐芽开始膨大了。

（6）槐树：褐色带绒毛的隐蔽芽因膨胀而开始露出墨绿色时，就是槐树芽开始膨大了。

（7）枣树：冬芽出现新鲜的棕黄色绒毛时，就是枣树芽开始膨大了。

（8）栾树：从芽中露出黄色绒毛时，就是栾树的芽开始膨大了。

（9）木槿：芽突起出现白色、绿色的毛刺时，就是木槿的芽开始膨大了。

树木的芽有花芽、叶芽之分，它们萌动膨大的先后往往不同，在普通物候观测中，对一种树木来说，以记录其最早萌动膨大的芽为准。如有条件，可分别记录各种芽开始膨大的日期。

为了便于观察不错过记录，对于较大的芽，可以预先在观察的芽上涂上薄薄的一层墨或漆。当芽开始膨大时，墨（漆）膜分开，中间露出其他颜色，很容易被察觉。对于很小的芽或具绒毛状鳞片的芽，要观察其膨大的开始就比较困难，在这种情况下，宜用放大镜观察，一般来说，绒毛状芽的膨大是以它顶端开始出现新鲜的发亮毛茸来判定。

单鳞片的芽膨大后，不会出现观测方法中所说的"显露出淡色线形或角形"新痕。因此，这类植物芽膨大的观测较难把握。以柳属植物为例，在冬眠期，柳树的芽干瘪且往往紧贴枝条，枝条易折断；在结束冬眠后，枝条会变软，有韧性，不易折断，此时芽也有胀满感，用指甲轻挤芽尖会破裂；芽胀满后，芽会与枝条分离，形成一定角度；故对于柳属植物，可以以芽胀满、与枝条成一定角度作为芽膨大的标准。

芽膨大是树木休眠期结束，生长期开始的标志。因此，一般来讲，物候观测的芽膨大是指树木结束冬季休眠后，即隆冬过后，在宏观上能够看到树木芽最初开始生长的日期。在实际观测中，芽始膨大是不容易观测准确的物候现象之一，究其原因主要有以下两点。第一，不同植物芽形态各异，芽始膨大的变化特征各有不同，不易把握；第二，植物的芽一般较小，其形态的微小变化不易察觉，容易被忽略。

有些树木，在秋末冬初叶全部脱落后，如遇天气持续偏暖，芽会因生长出现膨大现象,如毛白杨、牡丹、紫丁香等,有时甚至会出现芽鳞片裂开,露出叶尖、花序(蕾)甚至开花,此后随着隆冬的到来,气温降低,树木芽停止生长,进入休眠期。按照前面所说的一般意义上芽膨大含义,上述芽膨大现象应单独记录,不应作为树木结束冬眠后一般意义上的芽膨大记录。

由于前冬的芽膨大或开放现象会对次年冬末春初的观测造成影响,因此,为避免这种影响,应在一年中最为寒冷的大寒节气前后,巡视观测对象,了解当年树木在休眠期的状况,此后就需要开始密切关注芽的形态变化了。

此外,有些年份受晚冬和初春气温波动变化剧烈的影响,在此期间出现芽膨大的一些树种,在芽膨大后,其形态变化会出现停滞现象,由于冬末春初风沙大、雨水少,芽鳞片新错出的痕迹易被灰尘遮掩,这会造成观测中出现多次芽膨大现象。按照观测标准,当出现这种现象时,应以隆冬过后,第一次看到芽膨大现象的日期作为观测记录。

3. 芽开放期

有鳞片的芽,在芽膨大之后,继续生长,当芽的鳞片裂开,现出其内部的被包裹物(叶片、花萼、花序、苞片等)的尖端时,就是芽开放了,如榆树、杏树。若为隐蔽芽,当明显看见长出绿色叶尖时,为其芽开放,如槐树等。当我们观察到上述物候现象时,植物就开始进入芽开放期了,观测到该现象的第一天就是芽开放日。

玉兰在芽膨大后,绒毛状的外鳞片一层一层地裂开,当见到花蕾顶端的时候,既是芽开放,也是花蕾出现。刺槐在芽裂开后,长出绒毛,并出现绿色,就是芽开放了。

有些树木的芽没有鳞片,如枫杨、红瑞木锈色的裸芽,当出现黄棕色线缝时,就是芽开放了。

对于因前冬过暖而在冬初就出现芽开放现象的植物,当次年植物由休眠进入生长期时,已出露的包裹物(叶片、花萼、花序、苞片等)会因植物萌动而错出新痕,即植物开始生长了,虽然从现象上看为芽开放,但从观测记录可比较的角度出发,此记录宜记为芽膨大,而该年的芽开放记录则为空缺,并应做特别标注。

有些植物,当芽膨大和芽开放不好分辨时,就只记录芽开放的日期了。

二、展叶期

包括对植物展叶始、展叶盛和新叶幕期等物候现象发生期的观测。

1. 展叶始期

当观测的树木上从芽苞中露出卷曲着或按叶脉褶叠着的叶子,发出第一批小叶,即有1～2片或者同时有一小批正常展开的叶片时,这棵树就开始进入展叶期了,这种现象发生的第一天,就是展叶始日。有些阔叶树树种,从芽苞中出露的叶片并未出现卷曲或褶叠，如紫叶小檗等。对于这些树种展叶始的观测标准，宜以第一批小叶露出叶柄，或看出叶片的雏形为准。具有复叶的树木，只要复叶中有1～2片小叶平展时，就是开始展叶了。对于针叶树木，展叶始是以幼针突破叶鞘，开始出现针叶的叶尖时为准。

2. 展叶盛期

当观测植株的半数枝条上有小叶片完全平展时，植株进入展叶盛期，观察到上述现象的第一天记为展叶盛日。对于针叶树木，当新针叶的长度达到老针叶长度的一半时为展叶盛。

有些树种开始展叶后，叶片很快就完全展开，可以不记录展叶盛。

3. 新叶幕期

在展叶盛后至形成夏季浓绿色叶幕之前，当树木各枝条均有较多新叶平展时，从景观上看，此时春季新叶的嫩绿色往往会形成稀薄的新叶幕，具有一定的观赏价值，称为新叶幕期。观测到该现象的第一天，记为新叶幕开始形成日。

三、开花期

包括对植物花蕾或花序出现、开花始、开花盛、开花末和第二或多次开花期等物候现象发生期的观测。

1. 花蕾或花序出现期

凡具有单花的植物，以开始露出未展开的花瓣为花蕾出现期；凡具有花序的植物，当开始出现花序雏形时，为花序出现期。观察到花蕾或花序出现的第一天，记为花蕾或花序出现始日。

有些植物，如杨属植物，花芽鳞片打开后露出的就是花序，但最初露出的花序尚难看出其雏形，因此往往将其称为芽开放，当出露的花序达1厘米左右时，就可记为花序出现。有些树种如刺槐，其花序的雏形在展叶后的叶腋部分出现，但花序颜色与叶片颜色相同，若观测不仔细，往往难以分辨。因此，要熟悉观测植物的特点，以避免记录错误。

2. 开花始期

在选定的几株同种树木上，最初看见一半以上的植株各有一朵或同时有数朵花的花瓣开始完全开放时，植株开始进入开花始期。如只可观测一株，有一朵或同时有几朵花的花瓣开始完全展开时，即开始进入开花始期。观测到上述现象的第一天，记为开花始日。

针叶类开始散出花粉，为开化始期，如松属、柏属、落叶松属等。

杨属、柳属、胡桃属、桦木属、千金榆属、榛属、麻栎属、榆属、桑属、白蜡属等属植物进入开花始期，可按照下述特征记录。

（1）柳属：柳属雄株的柔荑花序长出雄蕊，出现黄色花药；柳属雌株的柔黄花序的柱头出现黄绿色时为进入开花始期。

(2)杨属：杨属始花时，不易看见散出花粉，当花序开始松散下垂时，即视为进入开花始期。

(3)其他属(除杨属、柳属)：当摇动树枝或触动花序的时候，雄花序开始散出花粉，即为其进入开花始期。

3. 开花盛期

在观测的植株上约有一半的花蕾都展开花瓣，或一半的花序散出花粉，或一半的柔荑花序松散下垂(如杨属)，开始进入开花盛期。观测到上述现象的第一天为开花盛日。对于针叶树种，可不记录开花盛。

在实际观测中，观测者最初可采用目估、抽样统计法来判断植物是否进入开花盛期。具体的操作方法是，首先选择对观测植株开花具有代表性的枝条，然后分别采用目估和统计计算的方法，得出该枝条开花的成数，并最终以统计计算结果作为该树木是否达到开花盛的标准。实际观测发现，最初的目测估计往往比统计计算的开花成数大，这与树木开花后花比花蕾大且醒目有关。对于一名观测者，经过一段时间的目估、抽样统计训练，目估与统计的误差就很小了，此时就可以直接采用目估法进行观测了。

4. 开花末期

在观测的树木上，当只残留有极少数的鲜花时，为开花末期；对于针叶类树木，当即将终止散出花粉时，为开花末期；风媒传粉的树木，其花序即将停止散出花粉，或柔荑花序大部分脱落时，进入开花末期。观测到上述现象的第一天为开花末日。

5. 第二或多次开花期

有时候树木在夏天和初秋会有第二次以至第三次开花现象，不论是否为选定的观测对象，均需另行记录，记录的内容包括以下五项：

(1)树种名称、树龄、树势；

(2)开花日期；

(3)开花的是个别树还是多数树；

(4)开花和没有开花的树在生态环境方面有什么不同；

(5)开花的树有没有受损伤或病虫害等。

以后还须注意它们是否结果，果实多少，是否成熟。

另有一些树种，如棣棠、月季、珍珠梅等，一年内能多次开花。其中有的有明显间隔期，有的几乎是连续的，但从盛花上可看出有几次高峰，应分别加以记录。

四、果实或种子生长发育期

包括对果实或种子成熟期和果实或种子脱落期等物候现象发生期的观测。

1. 果实或种子始熟期

当观测的树木上有少量果实或种子变为成熟色时，果实或种子开始进入成熟期。出现这一物候现象的第一天，记为果实或种子始熟日。不同类别的果实或种子成熟后的特点是不一样的。球果类松属和落叶松属种子的成熟，是球果变黄褐色；柏属中侧柏的果实是变黄绿色。蒴果类果实的成熟是外皮出现黄绿色或褐黄色，外皮尖端开裂，如紫丁香、连翘；或露出白絮，如杨属、柳属。坚果类，如麻栎树，种子的成熟是果壳外皮变硬，并出现褐色。核果、浆果类成熟时是果实变软，并出现该品种的标准颜色。仁果类成熟时，果实出现该品种特有颜色和口味。荚果类，如刺槐和紫藤等，种子的成熟是荚果变颜色。翅果类，如榆属和白蜡属，种子的成熟是翅果绿色消失，变为黄色或黄褐色。柑果类，如常绿果树（甜橙、枇杷等），出现果实可采摘时的颜色。

需要注意的是，有些树木的果实或种子不是当年成熟的，应特别记明。

2. 果实或种子全熟期

当观测的树上果实或种子绝大部分变为成熟时的颜色并尚未脱落时，为果实或种子的全熟期。此期为树木主要采种期。当出现这一物候现象的第一天，记为果实或种子全熟日。

3. 果实或种子脱落始期

当第一批果实或种子成熟脱落时，为果实或种子脱落始期。观察到这种物候现象的第一天，记为果实或种子脱落始日。

观察过程中，要注意不同种属植物果实或种子成熟后的特点。如松属为种子散布，杨属和柳属为飞絮，榆属和麻栎属为果实或种子脱落等等；有些荚果成熟后，果荚裂开，种子脱落。

4. 果实或种子脱落末期

当树木上残留很少的种子或果实尚未脱落时，进入果实或种子脱落末期。观察到这种物候现象的第一天，记为果实或种子脱落末日。

有许多种树木的果实和种子，在当年年终前留在树上未脱落，这样在"果实脱落末"栏可写"宿存"，宜在第二年的记录中把这种树木果实在第二年的脱落日期记下来，在日期的左上角加"＊"号并在表的下面注明"＊"号是哪年的果实或种子在该年脱落的日期。

五、新梢生长期

树木新梢的生长是从叶芽萌动开始，至枝条停止生长为止。包括对新梢开始生长和结束生长等物候现象发生期的观测。

1. 新梢开始生长期

新梢（或枝条）的生长，分一次梢（习称春梢）、二次梢（习称夏梢、秋梢或副梢)、三次梢(秋梢)。当选定的主枝一年生延长枝(或增加中、短枝)上顶部营养芽(叶芽)开放,即为一次梢(春梢)开始生长的日期,即新梢开始生长日,可视为营养芽的开放日。对于二次梢、三次梢的生长,可记一次梢、二次梢的顶芽开放为开始生长。

2. 新梢停止生长期

当所观察的营养枝形成顶芽,或新梢顶端枯黄不再生长(如槐树、紫丁香等),这个当年生枝就不再继续伸长了,而逐渐形成木质化的成熟枝,此现象即为新梢停止生长,观测到该现象的第一天,记为新梢停止生长日。对于二次以上梢,可类推记录。

需要说明的是,对于新梢开始和停止生长期,如果感觉观测困难,则可以不做记录。

六、叶秋季变色期

叶秋季变色期强调的是树木在秋季特有的叶变色现象,是指由于正常季节变化,树上出现变色的叶子颜色不再消失,并且有新变色的叶子在增多。因此,观测时不能把因干燥、炎热或其他原因引起的叶变色作为正常的季节性叶变色期。叶秋季变色期包括对叶始变色、叶变色盛和叶全变色等物候现象发生期的观测。

1. 叶始变色期

当观测树木的叶片开始变为秋季特有的颜色时,植株开始进入叶变色期,观测到该物候现象的第一天,记为叶始变色日。

对于阔叶树种,有些植物叶变色往往沿植物叶脉或前缘,呈浸润状逐步变化。在观测中,当树木叶片出现这种变化时,就可记为叶始变色了。在叶始变色的观测中,应特别注意树木内膛叶片颜色的变化。实际观测发现,这里往往是叶变色出现最早的部位。如果观测者不加以注意,很容易造成叶变色的物候记录推迟,从而造成误差。

针叶树在秋冬季叶变黄色,是渐渐变的,刚开始变色时不易察觉,当能看出针叶树已经明显变色的第一天,就可作为该种针叶树秋季叶变色的开始日期。

对于有些常绿树种,如冬青卫矛、油松等,每年秋季也有明显的老叶变色现象,也要记录叶始变色。观察发现,一些常绿树种在每年春季至初夏新叶长出后,也会有老叶变黄现象,这应与秋季叶变色分开记录。

2. 叶变色盛期

当观测的植株约有一半左右的叶变色,从宏观上看可用叶色斑斓描述这一现象时,此时树木开始进入叶变色盛期,观测到该物候现象的第一天,记为叶变色盛日。实际观测发现,有些树木叶变色后很快就脱落了,从宏观季相上看,很难形成叶色斑斓的景观,对于这类树木,该物候现象可以不做记录。

3. 叶全变色期

当观测的植株几乎所有的叶片完全变色时，进入叶全变色期，观察到这一物候现象的第一天，记为叶全变色日。需要注意的是，对于正常生长的常绿树木，一般没有且不记录叶全变色这一物候现象。

七、落叶期

此处所指的落叶是秋、冬季的自然落叶，而不是因夏季干旱或发生病虫害等原因引起的落叶。对落叶期的观测包括落叶始、落叶盛和落叶末等物候现象发生期的观测。

1. 落叶始期

自然落叶的特征是当无风时树叶落下，或用手轻摇树枝有 3～5 片叶子落下。风吹落叶或叶变色落叶，如叶柄完整，已形成离层，也属自然落叶。当观测的树木秋季开始出现落叶时，进入落叶始期，观察到这种物候现象的第一天记为落叶始日。

2. 落叶盛期

当观测植株上约有半数左右的叶片脱落，开始进入落叶盛期。观察到该物候现象的第一天，记为落叶盛日。准确观测该物候现象，应在秋季叶变色之前，了解观测植株叶的生长状况。需要注意的是，常绿树木不记录落叶盛。

3. 落叶末期

当树上的叶片几乎全部脱落，为落叶末期，观察到这种物候现象的第一天，记为落叶末日。需要注意的是，对于正常生长的常绿树木，一般没有也不记录落叶末这一物候现象。

若年终时叶尚未脱落，在第二年落叶时就记载第二年落叶始期和末期的时间(月、日)，可在日期的左上角加"＊"号，并在表下注明"＊"号是哪年的叶子在该年脱落的日期。

如树叶干枯，到年终时还未脱落，留在树上，可在记录中注明"干枯未落"。

如树叶在夏季因干旱等原因发黄散落下来，宜另外记录树叶散落日期，并注明"黄落"。

热带地区的物候与温带不同，情况比较复杂，如能鉴别其换叶的时期，宜于记录。

木本植物各发育期的物候现象，如不能全部观测记录，可以简化，只观测记录芽膨大、展叶始、开花始、开花盛、开花末、果实或种子始熟、叶秋季开始变色和落叶末等物候现象的开始日期。

第三节　草本植物物候的观测

草本植物物候的观测主要包括萌动、展叶、开花、果实或种子生长发育和叶黄枯等物候期的观测。对于有些草本植物，由于每年植株生长的位置会有变动，而植物在萌动和展叶等物候期不容易识别，因此如不能全部观测记录，应着重注意对花期和果熟期等物候现象的观测。

一、萌动期

草本植物有地面芽和地下芽越冬两种不同情况，当地面芽变绿色或地下芽出土时进入萌动期。第一次观察到上述现象的那天，记为返青或幼苗出土日。

二、展叶期

草本植物的展叶期包括展叶始和展叶盛两种物候现象发生期的观测。当观测到植株上开始展开小叶时进入展叶始期，观测到该物候现象的第一天为展叶始日；当有一半植株的叶子展开时为展叶盛期，观察到该物候现象的第一天记为展叶盛日。

三、开花期

包括植物花蕾或花序出现、开花始、开花盛、开花末和二次开花等物候现象发生期的观测。

当见到植株的花蕾或花序的雏形时，开始进入花蕾或花序出现期，观察到该物候现象的第一天记为花蕾或花序出现始日。

当植株上有个别花的花瓣完全展开时，开始进入开花期，观察到该物候现象的第一天为开花始日；当有一半花的花瓣完全展开时为开花盛期，观测到该物候现象的第一天记为开花盛日；当观察到花瓣快要完全凋谢，植株上只留下极少数鲜花时为开花末期，观测到该物候现象的第一天记为开花末日。

某些草本植物在春季或夏季开花以后，在秋季又会出现第二次开花的现象，如蒲公英等。在观测记录中，应记录第二次开花的日期。

四、果实或种子生长发育期

包括果实或种子开始成熟、全部成熟，以及果实或种子开始脱落和脱落末等物候现象发生期的观测。

当植株上有很少的果实或种子开始变为成熟时颜色的那天，为果实或种子开始成熟日，植株自此开始进入果实或种子成熟期；当植株上果实或种子几乎全部成熟时，开始进入果实或种子全部成熟期，观测到该物候现象的第一天，记为果实或种子全部成熟日。

果实或种子脱落始期是指观察到果实或种子成熟后开始脱落、散布，观测到该现象的第一天，记为果实或种子脱落始日；当观察到果实或种子几乎全部脱落、散布时，进入果实或种子脱落末期，观测到该物候现象的第一天，记为果实或种子脱落末日。

五、叶黄枯期

包括叶开始黄枯、普遍黄枯和完全黄枯三种物候现象发生期的观测。

观测草本植物黄枯期，应以植株下部的基生叶为准。当选定的观测植株下部基生叶开始出现黄枯时，进入叶开始黄枯期，观测到该物候现象的第一天，记为叶开始黄枯日；当观测到叶片约有一半黄枯时，为叶普遍黄枯期，观察到该物候现象的第一天记为叶普遍黄枯日；当观测到叶片几乎全部出现黄枯时，进入叶完全黄枯期，观测到该物候现象的第一天，记为叶完全黄枯日。

第四节 动物物候的观测

动物物候观测的内容非常丰富，其中易于观测的项目有候鸟的来去和其他有季节性活动动物的始见与绝见、始鸣与终鸣日期等。在《中国物候观测方法》一书中，列举了11种动物（包括候鸟和昆虫）的物候观测内容，现摘录如下。

蜜蜂：记录春季开始群飞的日期。观察的蜜蜂主要为中国蜜蜂或意大利蜜蜂。

蚱蝉、蟋蟀等昆虫：记录始鸣及终鸣日期。蚱蝉是一种体型较大的黑色大蝉，体长约为40～48毫米（达翅端约为63～65毫米），夏季多栖于杨柳树上，鸣声很大，连续时间长，始终是一般声。蟋蟀在我国南北各地常见。

蛙：记录始鸣及终鸣日期。国产种类以青蛙分布最广，遍布我国北部与中部，常活跃于池塘和稻田间。

豆雁：记录春季飞来（由南向北飞）始见或始鸣日期，秋季飞去（由北向南飞）绝见或终鸣日期。豆雁春季从南方飞到北方，在内蒙古、东北部分地区和西伯利亚繁殖；秋季从北方飞回南方，到华中和华南过冬。

大杜鹃、四声杜鹃：记录春季始鸣和夏季终鸣日期。大杜鹃叫声是二声一度，二度间稍有停顿。四声杜鹃又称布谷鸟，叫声洪亮，四声一度。

黄鹂：记录始见及绝见日期。黄鹂春季北来，冬季向南飞去，迁徙到印度、斯里兰卡和马来半岛等处。

家燕、楼燕、金腰燕等：记录春季始见日期和秋季离去日期。

在实际观测中，应不限于上述 11 种动物，对于有季节性活动动物的始见与绝见、始鸣与终鸣日期，只要能观察到，就要记录。如在北京地区，蝴蝶（如菜粉蝶、黄钩蛱蝶等）、蝙蝠、刺猬等动物的始见与绝见，各种候鸟或旅鸟（如长耳鸮、太平鸟、绿头鸭等）的始鸣（见）与终鸣（见）等。

第五节　气象、水文现象的观测

自然界的物候，除植物（包括农作物）和动物（候鸟和昆虫等）的季节性现象外，霜、雪、结冻、解冻等现象也是物候的一部分。我国古代七十二候中对物候的记载，就把春、夏、秋、冬四季的许多自然季节变化现象都包罗在内。动、植物的季节变化与自然界环境条件是不可分离的，为了探索动、植物季节变化与外界条件的关系，自然界中随季节变化的气象、水文现象也应观测记录。观测项目如下：

一、霜

初霜：秋末冬初第一次初霜出现的日期；终霜：冬末春初最后一次晚霜出现的日期。

二、雪、雨

初雪：秋季或冬季初雪日期。终雪：冬季或春季终雪日期。

初次雪覆盖：在地面上初次见雪覆盖（物候观测点附近地面被雪覆盖）的日期。

雪覆盖融化：在平坦地面上，雪覆盖初次融化显露地面的日期及完全融化（低凹处）全部露出地面的日期。

初雨：年初第一次出现降雨的日期。终雨：年内最后一次出现降雨的日期。

三、严寒开始

阴暗处开始结冰日期（干燥地区阴暗处难以看见结冰现象，可以蒸发皿结冰日代替）。

四、水面(池塘、湖泊)结冰

在岸边开始有薄冰出现的日期，水面开始全部冰封的日期。

五、土壤表面冻结

土壤表面开始冻结的日期(以大田为准)。

六、河上薄冰的出现

河流第一次结薄冰的日期(一般岸边先结冰,以看岸边为准)。

七、河流封冻

河流开始结冰块的日期;河流完全封冻的开始日期。

八、土壤表面解冻

土壤表面春季开始解冻的日期(解冻后又冻结,以最早开始解冻日期为准)。

九、池塘、湖泊、河流春季解冻

开始解冻化出水面的日期(解冻后又结冰,以最早开始解冻日期为准)。
完全解冻的日期(完全解冻后又结冰,以最早完全解冻日期为准)。

十、河流春季流冰

包括流冰开始日期和流冰终了日期。

十一、雷声、闪电和虹

春季初次闻雷声的日期;秋季或冬季最后闻雷声的日期。
春季初次见闪电的日期;秋季或冬季最后见闪电的日期。
一年中初次和最后出现虹的日期。

十二、植物遭受自然灾害

植物遭受严寒(春季解冻以后遇到的低温)、干旱、洪涝、大风、冰雹的严重损害,应记录受害植物的名称、受害日期、损害程度(以%表示),以及上述自然灾害发生时植物处在哪个发育时期。

植物的病虫害记录,因涉及范围较广,可参看有关病虫害的专业书籍观测记录。

如有条件时,每年应记当地各月极端最高气温、极端最低气温及其出现的日期,这项资料不仅对气象、水文的研究有用,而且对观测植物及农作物受害情况更有意义。

附：物候观测记录表

表3-1　植物物候观测点登记表

观测点 详细地址					登记 日期	年　　　月　　　日		
植物编号	植物名称	生长地点	海拔	生态环境	地形	土壤	标志物及备注	

观测单位：　　　　　　　　　　　　制表者：　　　　　　　　　校核者：

表3-2　木本植物物候观测记录表

时间(年)：　　　　　地点：　　　　　纬度：　　　　　经度：　　　　　海拔：

日期 (月．日)＼物候期＼植物名称	萌动期			展叶期			开花期					果实或种子 生长发育期				新梢 生长期		叶秋季 变色期			落叶期		
	树液开始流动日	芽始膨大日	芽开放日	展叶始日	展叶盛日	新叶幕开始形成日	花蕾或花序出现始日	开花始日	开花盛日	开花末日	二次开花日	果实或种子始熟日	果实或种子全熟日	果实或种子脱落始日	果实或种子脱落末日	新梢开始生长日	新梢停止生长日	叶始变色日	叶变色盛日	叶全变色日	落叶始日	落叶盛日	落叶末日

观测单位：　　　　　　　　　　　　观测者：　　　　　　　　　校核者：

表3-3　草本植物物候观测记录表

时间(年)：　　　　　地点：　　　　　纬度：　　　　　经度：　　　　　海拔：

日期 (月．日)＼物候期＼植物名称	萌动期	展叶期		开花期					果实或种子生长发育期				叶黄枯期		
	幼苗出土或返青日	展叶始日	展叶盛日	花蕾或花序出现始日	开花始日	开花盛日	开花末日	二次开花日	果实或种子始熟日	果实或种子全熟日	果实或种子脱落始日	果实或种子脱落末日	叶开始黄枯日	叶普遍黄枯日	叶完全黄枯日

观测单位：　　　　　　　　　　　　观测者：　　　　　　　　　校核者：

表 3-4　候鸟或昆虫物候观测记录表

时间(年)：　　　　　地点：　　　　　纬度：　　　　　经度：　　　　　海拔：

候鸟或昆虫名称	始见日期	绝见日期	始鸣日期	终鸣日期

观测单位：　　　　　　　　　观测者：　　　　　　　　　校核者：

表 3-5　气象、水文现象观测记录表

时间(年)：　　　　　地点：　　　　　纬度：　　　　　经度：　　　　　海拔：

初霜日期_____终霜日期_____霜冻发生日期_____

初雪日期_____终雪日期_____雪初次覆盖地面日期_____

严寒开始日期_____水面(池塘、湖泊)结冰日期_____

河上岸冰出现开始日期_____河流封冻开始结冰块日期_____
河流完全封冻日期_____

土壤表面开始冻结日期_____土壤表面春季开始解冻日期_____

水面(池塘、湖泊)春季解冻：开始解冻日期_____完全解冻日期_____

河流春季流冰：流冰开始日期_____流冰结束日期_____

雷声：一年中第一次闻雷声日期_____一年中最后一次闻雷声日期_____

闪电：一年中第一次见闪电日期_____一年中最后一次见闪电日期_____

虹：一年中第一次见虹日期_____一年中最后一次见虹日期_____

观测单位：　　　　　　　　　观测者：　　　　　　　　　校核者：

表 3-6　日常物候观测记录格式

时间(年、月、日)：　　　　　地点：　　　　　天气现象：

观测条目编号	观测记录内容
△.1 △.2 :: △.n	植物种类的名称及其物候变化的成数或始、盛、末日期；动物种类的名称及其物候变化的始、盛、终日期；自然界热量、水分等现象的发生情况。

观测单位：　　　　　　　　　观测者：　　　　　　　　　校核者：

第四章　物候记录的质量审查与数据库的建立

物候观测记录是重要的基本资料，它的准确程度直接影响着科学研究和为生产实践服务的质量。因此，对物候观测记录进行严格的审查，以求资料准确无误，是物候学的一项基础工作。

第一节　物候观测记录的审查

一、物候观测资料的审查依据

审查的依据或出发点，可以从理论与事实两个方面考虑。在理论方面，由于物候现象的发生，具有顺序相关的规律，所以可以据此对物候记录予以审查。对于同一观测对象，其各物候期出现的先后次序是不会颠倒的，这是因为植物具有阶段发育的特点。在各个发育阶段上，植物要求通过一定的条件，达到生长点细胞内的质变，并且植物所完成的阶段性变化是不可逆的。因此，如果把先开花后展叶的一些乔灌木的展叶日期记在花期之前，这显然是错误的。对于不同的观测对象，由于它们发生一定的物候现象，要求的环境不同或相似，所以它们的一些物候期也会形成先后的顺序或重叠的出现。例如在北京地区，杏树的花期，总是在山桃花期之后，而大山樱的始花，往往与重瓣榆叶梅的始花是基本同时的。据此，我们可以判断某一物候现象记录的准确程度。

地理事物的空间分异规律，也可以作为审查物候记录的依据。我们知道，植物的发育过程及其物候期的出现，受地区气候条件，尤其是热量条件的影响很大，而地区热量条件又直接与纬度、海拔高度等因素有关。在春夏之间，南方物候现象发生日期一般在北方之前，但地形能改变这种状况。例如 1981 年 5 月 2 日，我们观察到，北京城区刺槐花正处于全盛的状态；向南大约 1 个纬度到保定，花已开始凋落，整个花序带上了锈色；再向南大约 1 个纬度到达阳泉，由于到了山西高原之上，地势升高到海拔 750 米左右，刺槐开花才不过三至四成。但是在纬度和海拔高度差别不大的地区，同一物候现象出现的时间是相近的。

受城市热岛效应的影响，由春到夏，同一物候现象发生的时间，城市一般会比郊区早；由夏到秋，同一物候现象发生的时间，城市又往往会比郊区迟。高度相差不大的同一地方，平地与背阴山谷相比，也会有类似现象出现。这些现象都受着中、小尺度地理事物空间分异规律的支配。据此，也可以判断物候记录是否准确无误。

总之，由于自然界的季节现象或物候期的正常过程都是有规律的，而它们在空间上的差别也是有规律的，这些规律就是我们进行记录审查的理论依据。在进行多年物候观测以后，或者根据其他地方的观测结果而对该现象的正常过程具有概念以后，就形成了这种规律的认识。

规律性认识的获得，是建立在观测事实基础上的。所以，进行物候记录审查的时候，对以往的物候观测成果，应当予以重视，这是进行物候记录审查的事实依据。如果已有多年的物候观测资料，可以计算出各物候期出现的平均日期。在进行记录审查时，可以用物候期的距平来检查。所谓距平，是当年物候现象到来的日期与历年该物候现象的平均日期之差。如果距平值较大，就说明该年植物生长状态与平均状态差别大，或是观测记录有误。这种方法，必须具有多年物候观测资料才能使用。如没有多年资料，也可用当年与去年或过去某年同一物候现象到来的日期进行比较，并对照其他植物的物候期和天气条件，判断记录是否有误。

在进行记录审查时，本观测点以往的观测成果，固然是重要的参照标准，但利用相邻地区的观测成果作为参照也是不能忽视的。特别是在相邻地区已有长期的观测时，这一点就显得尤其重要了。

二、乔灌木主要物候期的质量审查

在我们整理北京地区某年物候观测记录时发现，有两个观测点对油松、圆柏、毛白杨等树木芽膨大的记录差别很大，分别相差了 16～18 天，而且总是一处比另一处记录的日期要早。然而两个观测点相差不过 3 千米，也就是说二者的环境条件应该是相差不多的。再对比这些种类以后几个物候期的记录，二者都相差不大。这就使我们考虑到芽膨大的记录应当在严格审查之后才能使用。再通过对比以往的记录，我们确信记录芽膨大偏早的那几个记录是不正确的。

考虑油松、毛白杨等植物芽开始膨大记录偏早的原因是这些具有多层鳞片的冬芽，有时在较暖的前冬亦会生长，于是出现了油松芽鳞片的翻卷等现象，当开春进行观察时，容易错记为芽开始膨大。毛白杨冬芽的鳞片虽然不翻卷，但在冬天鳞片的边缘往往会干枯，这样就造成了鳞片之间颜色上的差异，当开春进行观察时，容易误认为由于芽膨大而在鳞片间出现了新鲜颜色。怎样克服这种容易发生的误记呢？最好是在冬天最冷的那一候或那一旬（在北京多年平均为一月中旬），普遍地对观测对象的冬芽进行一次观察。在此基础上，再观察由于冬去春来，芽后续发生的变化，这种变化应当是一旦在枝条或少数株上发生之后，就会接连地在其他株或枝条上相继出现，很少会发生已经记录了芽开始膨大，而很长时间绝少变化的情况。

这里顺便指出，许多植物有花芽和叶芽之分，而且它们萌动的先后往往是不同的。对此最好分别记录。若只取一处填入记录表，应该记录先萌动的那种芽。例如榆、毛白杨、加拿大杨等，应当记录花芽的膨大日期。

在审查花序或花蕾出现期的记录时，往往会发现不同记录之间的较大差异。这常常与对花序或花蕾出现期所持的标准不同有关。比如桃、杏之类以见到花萼还是见到未展开的花冠为现蕾期，二者可相差不少天；对于紫藤、刺槐这些豆科植物来说，以见到花序的雏形还是以见到单朵花的未展花冠为现蕾，二者相差的天数就更多了。在日常生活中，习惯上以见到未展开的花冠为现蕾；但在植物学上，从"花萼包在花的最外边，在花蕾时期有保护花的其他部分的作用"的说法，以及《中国物候观测方法》上规定"凡在前一年形成的芽，当第二年春季芽开放后露出花蕾或花序蕾顶端，为花蕾或花序出现期"来看，显然对于完全花来说应以见到花萼包着的未展花冠为现蕾。根据这种标志，可以审查现蕾期的记载是否准确。当然在详细的观测中，还可以分别记载现萼蕾（以开始露出花萼为准）和现冠蕾（以开始露出卷曲的花冠为准），这都是对于单朵花来说的。对于有花序的植物来说，以开始露出花序的雏形为准，仍然可以继续记载现萼蕾与现冠蕾。

这里也顺便提及芽开放期标准的掌握问题，在观测标准中，芽开放是指在芽萌动膨大之后，开始从芽里面生长出了它所包被着的非鳞片成分。对于一些花芽来说，它的芽开放就是现蕾期，如玉兰；而桃、杏等植物，它们的芽开放也就是现萼蕾期。

关于展叶期记录的审查，根据不同植物先展叶后开花，还是先开花后展叶，很容易发现那些不符合正常物候顺序的有关开花或展叶的错误记录。此外依据展叶始与展叶盛的正常期距，也可以帮助判断二者的记载是否准确。如加拿大杨、垂柳等，它们展叶始与展叶盛之间相隔的日数就很少，在极端情况下，我们曾观察到加拿大杨午前 10 时左右开始展叶，而同日午后全树叶片几乎完全展开。显然对于这类展叶迅速的乔灌木，如果发现展叶始与展叶盛之间相隔的时间过久，应该特别予以审查。而对于油松来说，其展叶始与展叶盛之间相隔的日数则较多，如果见到间隔日数甚少的记录，也应特别注意审查。

在观测标准的掌握上，对于展叶始期来说，在观测对象上出现第一批展平的幼叶时，即记录为展叶始日。若是复叶，以复叶中的小叶是否开始出现展平幼叶为准，而不以整个复叶是否展平为准。

在观测的乔灌木上，有半数枝条出现完全展平的幼叶，即达到展叶盛。

在物候观测中，花期的记载是很重要的。一般来说，始花的记录较为准确；对于花期较长的植物，盛花期不容易记准，特别是那些有几次花潮的植物，如月季、珍珠梅等。对这些植物来说，以它的第一个开花高潮作为花盛期为好，比较容易掌握，其实践意义也比较重要。

在实际审查中，可用物候现象的平均期距帮助我们进行花期记录的审查。表4-1是北京地区几种植物花期的平均期距及一般变幅，这在进行北京地区花期物候记录的审查中具有一定意义。

表 4-1 北京地区几种植物花期的期距*

有关花期	期距（天）	
	平均	一般变幅
山桃始花—杏树始花	8	5～11
山桃始花—紫丁香始花	17	13～21
山桃始花—刺槐花盛	42	36～48
杏树始花—紫丁香始花	9	6～12
杏树始花—刺槐花盛	34	29～39
紫丁香始花—刺槐花盛	25	21～30

* 据图 2-1 数据计算。

运用表4-1所提供的材料，可以帮助我们审查有关花期记录是否准确。如果某年有关花期记录之间相差的天数，与这种平均状况有较大的偏离，就可能是记录有误。如果材料具备，也可以用这种方法对其他物候期的记录进行审查。

关于叶变色和落叶期记录的审查，我们举出下面两个具体的例子，遇到这种情况，显然表明记录有误。第一个例子，有一份物候记录，把黄刺玫、合欢、紫藤、紫丁香等的叶秋季开始变色和落叶末，都分别记为11月9日和11月16日，这样的记录显然是由于观测时间间隔过长，达到了一周，没有连续观测造成的误记。这种记录只能作为参考，而不能正式使用。第二个例子，我们在进行一项物候记录统计时发现，1966年徐州的一份物候记录，落叶末期有许多种类，如核桃、榆、杨、杏、紫荆、刺槐、木槿等都比它纬度更高的北京地区的相同物候期出现得早，这显然与北半球高纬地区落叶时间早于低纬地区落叶时间的规律相矛盾。我们又进一步查对了1967年的记录，也发现类似情况。这种系统性的矛盾显然是由于观测人员所持的观测标准不同造成的。在不了解其所持的观测标准时，对于这种记录就不能按照一般标准的含义去使用。

例子数不胜数。我们举出的这些例子，是为了介绍一些记录审查的思路和方法，并顺便对几种容易误记的物候期做些说明。总括起来说，在进行物候记录审查时，应当抓住以下几点：

1. 各物候期出现的顺序是否正常；

2. 有关物候期的期距或距平是否合乎常规；

3. 在地区之间进行比较审查时，是否符合地理事物的空间分异规律；

4. 每一种具体的审查方法，都有它的局限性，不是对所有的乔灌木、农作物的各物候期都适用，应该根据不同的情况，运用相应方法，予以综合的分析判断。

三、物候记录审查的实例分析

表4-2是一份待审查的木本植物物候观测记录表，由该观测表中的物候记录可以看出以下的矛盾。

表 4-2　北京木本植物物候记录表（待审查）

物候期 日期（月.日）种名	萌动期		展叶期		开花期				果熟期	
	1	2	3	4	5	6	7	8	9	10
	芽始膨大	芽开放	展叶始	展叶盛	现花蕾或花序	始花	花盛	花末	果始熟	果始落
旱柳	2.13								4.15	4.17
榆树							5.1	5.10		
山桃	2.7				4.11	4.13	4.18			
杏树			3.30	4.28		4.4				
山杏			4.19		3.31	4.7	4.10	4.19	4.29	
枣树		4.20	4.14	4.28	4.25					
酸枣			6.4	6.10	5.19	5.27	6.1	6.5		
荆条						6.10	6.15	6.18		

1. 旱柳的三项记录是北京山区某观测点的，与常年相比较都偏早太多，可以视为误差过大的记录而不能用。其中芽膨大期比北京西郊旱柳多年平均芽膨大期提早了14天，而果熟期的两项记录，则很可能是把雄花序误认作果实或种子了。

2. 榆树是北京常见乔木中开花最早的树种，花期一般不到10天，而表中榆树花期的两项记录都偏晚太多，也是不能使用的误记。看来可能是把榆树（果实）误认作花了。

如果我们对以上两个例子所反映的错误原因判断正确的话，那么，要消除这种错误，首要的是进行植物形态、器官知识的学习。

3. 山桃的四项记录，芽膨大的记录偏早，以至于在旱柳之前，违反了物候现象发生的顺序性。花期的三项记录，当与杏、山杏的花期比较时，就会看出，它的花期记录偏晚了。以至于违反了山桃花期在杏树花期之前的正常顺序，对这三项记录来说，如果它们是准确的，那么这种植物就不应是山桃。如果确实是山桃，那么这花期的记录就是错误的。

4. 杏树是先花后叶的植物。它的始花期不应在展叶始之后，另外，从以往的经验来看，杏树展叶始期与盛期的期距不过4～6天，而表中记录二者期距长达29天，这显然是不正确的，这个例子说明，可以利用同种植物本身各物候期的顺序性和它们之间的平均期距来审查记录。

5. 山杏的成熟，按照一般的情况应与小麦成熟期相差不多。记录为4月29日成熟，可能过早了些。果实始熟的标准是当观测的树木上开始有果实或种子变为成熟的颜色，为果实或种子成熟期。具体到核果类植物的果实，还应以果实变软为特征。这个例子说明可以利用不同植物间某些物候期的重叠的特点来审查记录。

6. 枣树的芽开放期不会在开始展叶期之后，由于枣的花蕾出现在叶腋的部位，所以4月25日花蕾出现的记录与展叶盛期4月28日的记录，显然违反了物候现象发生的顺序性。

7. 酸枣、荆条这些夏季开花的植物，花期比较长，不会在花盛期之后三四天就进入花末期。

第二节　物候数据库的建立

由于物候现象复杂多样，物候观测数据具有内容多、数据量大的特点。因此，为方便、快捷地提取所需数据，就需要建立物候数据库。物候数据库的建立，可以根据需要存储、查询、处理数据，减少数据提取和预处理的工作量，利于实现物候数据的共享与交流，对进一步深入研究物候现象的发生规律、特点，更好地为科学研究和生产实践服务提供方便。下面以北京地区植物物候数据库的建立为例予以说明。

一、物候数据库的主要内容

物候数据库是以反映自然环境演变的物候现象发生期数据为基础，包含了观测点基本情况和同期气象信息等内容的数据库。数据库包含的数据可分为物候和气象数据两类，其中物候数据包括植物物候现象的出现日期、序日数，以及观测地点的经度、纬度、海拔高度等。

数据全部存放在名称为"bjwhdb"的 Microsoft Access 数据库中。"wh1"表存放所有物候数据，共有 40 个字段，包括编号、观测地点、观测年份、物候现象名称、物候现象出现的日期和序日数，以及观测点的经度、纬度、海拔高度等用于查询。每一条记录存储某个观测点某年某种植物的所有物候现象出现日期和序日数。"qx1"表用于存储所有气象数据。

用户界面使用程序 Visual Basic 6.0 设计，主要通过 ADO 控件实现对数据库的访问。

对物候资料进行检索可以分为两类。一类是根据植物名称和物候期名称查询该物候现象发生的时间。另一类是通过确定某一时间段，查询在该时间段内发生的物候现象。由此检索也可分两部分进行。一是以植物名称、物候期、观测年份、观测地点为关键词进行的检索，通过"select 植物名称，年份，+［选定的物候期序日数，选定的物候期日期，］+ 地点，ID from wh1 where +［选定的物候期序日数］+ is not null +［and 地点＝选定的地点］+［and 年份＝选定的年份］+［and 植物名称＝选定的植物名称］"这类 SQL 语句进行，简单灵活地根据查询需要组合 SQL 语句，查询得出结果。二是按照时间段查询物候现象，对 16 个记录物候现象出现时间的字段依次按日期或序日数查询，"select 植物名称，年份，地点，+［i 物候期，］+ID from wh1 where +［i 物候期＝指定日期/序日数］"（i=1 到 16），将日期相符记录所对应的植物名称、物候期名称、观测地点、观测年份作为结果显示。

二、物候数据库的主要功能

图 4-1 显示了北京地区植物物候数据库的主要功能。

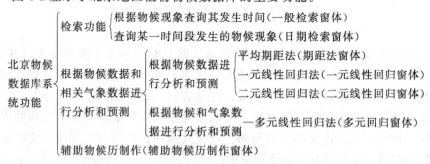

图 4-1　北京物候数据库系统的主要功能示意图

1. 检索功能

数据库可按植物名称、物候期、观测年份、观测地点四个关键词进行检索，将结果以表格形式呈现。为了避免盲目填写检索关键词导致检索结果为空，使用组合框控件限制检索关键词的选择，可供选择的关键词来自数据库，以减少错误发生。对检索结果可以按照植物名称、观测年份、物候现象发生时间进行升序或降序的排列，默认为降序排列。还可计算平均值和标准差，将计算结果显示在窗体界面左下角的标签控件中，呈现物候现象的多年平均情况和波动情况，并可将检索结果在 MSChart 控件中以二维或三维条形图表示(图 4-2)。

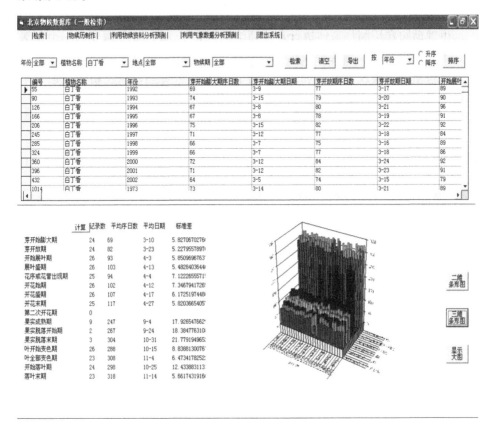

图 4-2　一般检索窗体示意图

2. 分析和预测功能

通过平均期距法和线性回归分析方法对物候数据进行计算和分析，反映物候现象发生规律的数量特征，也可用于预测物候现象的发生时间。

(1)利用物候数据进行分析和预测

这一功能由三个窗体分别运用平均期距法、一元线性回归法和二元线性回归法对物候资料进行分析、计算，建立不同物候期的预报模型。由于仅根据物候资料进行分析，具有程序运行时间短、使用较方便等特点。

(2)利用物候和气象资料进行分析和预测

这一功能可以利用物候和气象资料进行多元线性回归分析。可通过对本年或上一年各月各旬的积温、均温的计算，提取相关气象资料，存储在数组中，剔除年份不对应的记录后进行多元线性回归分析计算。计算结果在列表框控件中显示，包括回归分析产生的方程、相关系数，以及反映拟合效果的满分率。计算结果可写入指定的文本文档，用于保存。据此功能，可以实现对不同物候期建立预报模型。

3. 辅助物候历制作

由辅助物候历制作窗体执行，计算结果保存至 Access 数据库的一个新表中。不仅包括地点、物候现象名称、记录数、平均序日数、平均日期、标准差，还包括该物候现象最早和最晚发生的序日数、日期，以及物候现象最早和最晚日期出现的年份。

第五章 物候历的编制

物候历是反映一个地方自然界物候现象发生的顺序性和准年周期性规律的专门日历。按照一个地方各种物候现象在一年内出现的先后次序，把它们编制在一起，就成为该地的物候历，也有人称之为自然历，它包括各物候现象逐年出现日期的均值，最早和最晚出现日期，以及多年出现日期的标准差，最大变幅等项内容。这样的物候历反映了一个地方季节变化的一般状况，可以用来预告农时和服务于其他一些与季节现象有关的实践活动。

第一节 物候历的取材

编制物候历所用的原始资料，均应取自当地多年的物候观测成果，包括植物、动物等生物物候现象，以及反映水分、热量等条件变化的非生物物候现象的发生日期。

编制物候历是进行一个地方地理环境研究的基础工作之一。为使物候历尽可能全面地反映当地季节演变的进程，观测的动、植物种类和项目要丰富，这样才能从中选择更有意义的内容编入物候历，从而提高物候历的质量。以木本植物中乔灌木的种类来说，最好能观测30~40种，多些当然更好。在观测种类的选择上，要特别注意那些物候现象出现得特别早和特别晚的种类，例如在北京地区，榆树春季芽膨大特别早，垂柳冬季落叶特别晚等等，都应注意选入。

只有在多年观测资料的基础上编制的物候历，才能反映一个地方地理环境的准年周期性规律。那么至少需要多少年的观测资料，才能编制出一个地方比较有代表性的物候历呢？研究发现，从植物物候现象看，有10年的观测资料，大致可以编出一份各物候现象平均出现日期对一百多年平均值的偏差一般限于一候左右的物候历。若要保证其最大偏离也局限在一候左右，需要有连续20年的观测资料。

然而，这并不能够一劳永逸。因为物候现象的发生具有超年波动性的规律。10年、20年的平均值，也只具有相对的意义，不能以有限年份的材料编成的物候历，来断定以后几十年，以至上百年的物候状况，这是由于与物候现象发生密切相关的气候波动周期是相当复杂的。竺可桢指出："实际波动的周期可以从 2~3 年、（到）11 年、30~50 年、80 年、150 年以至 1800 年，波动周期愈长则起伏的幅度也越大，因此气候的变动并不如想象那么简单。"由此不难理解，物候现象的发生，永远不会停止在一个水平上，总是在变化。虽然在一个地方同一物候现象的各年发生期相差不会太远，但也足以影响人们的生产和生活，必须年复一年进行观察，不断地修订和改进物候历的内容。

在竺可桢、宛敏渭合著的《物候学》一书中，有我国现代第一部物候历——北京地区的物候历，该物候历包括木本和草本植物物候 130 项，动物物候和水文气象变化 21 项，农作物物候与农事活动 28 项，总计 179 项，所用资料年限为 13 年。1986 年，科学出版社出版了由宛敏渭主编的《中国自然历选编》，其中包括了北起黑龙江省，南到广东省、云南省的 21 部物候历，从编入物候历的项目数来看，多者包括 200~300 项，少者也在 60 多项，所使用的资料统一截至 1982 年，资料年限多者为 20 年以上，大多在 10 年以内，最少取 3 年观测资料平均。关于取材需要说明的最后一点是，在保证准确性的情况下，应尽量将已经观测的各项内容编入物候历，以使编制而成的物候历有比较丰富的内容，便于应用，同时也有利于物候历的修订和质量的进一步提高。

第二节　物候历的编制

物候历一般编制成表格的形式。对于所观测的各物候期，首先取其平均日期入编，以表示一个地方某物候现象准年周期性发生的状况。

此外，还要编入观测年份内物候现象最早和最晚发生日期，以表示某一物候现象在观测年限内年际发生早晚的极值变化幅度，对于各物候现象，还应计算其发生日期的标准差，用以表示年际发生早晚的平均波动状况。

在原始物候资料既定的情况下，要保证编制的物候历准确无误，就需要有一个科学的编制步骤。大体来说，编制步骤包括原始记录的审查；计算各物候现象的平均发生日期和标准差；计算结果的审查；排序编制物候历表；等等。下面分别予以说明。

一、原始记录的审查

主要依据物候现象发生的顺序相关性规律进行，对不符合物候现象之间顺序性的记录，应予以舍弃或进行有依据的订正。具体的审查方法见第四章。

二、物候记录的统计计算

对经过审查的记录，继而进行统计计算。具体地说，可以按下列步骤进行。

1. 将某物候记录按年抄入表 5-1 的第二栏。本例抄写的是北京城内 1950～1960 年山桃始花的记录。

表 5-1 多年物候记录统计表(山桃始花,北京)

年份	物候现象		$X_i - \overline{X}$	$(X_i - \overline{X})^2$
	月.日	序日 X_i		
1950	3.26	85	-4	16
1951	3.28	87	-2	4
1952(闰)	4.1	92	$+3$	9
1953	3.24	83	-6	36
1954	3.29	88	-1	1
1955	4.6	96	$+7$	49
1956(闰)	4.6	97	$+8$	64
1957	4.6	96	$+7$	49
1958	4.2	92	$+3$	9
1959	3.23	82	-7	49
1960(闰)	3.24	84	-5	25
$n=11$	最早 3.23 最晚 4.6	$\overline{X}=89.3$ 即 3 月 30 日	$\sum(X_i - \overline{X}) = +3$	$\sum(X_i - \overline{X})^2 = 311$

2. 由于以月、日表示的物候期不便于进行计算,所以需要把月、日查换为从元旦起的顺序日数(简称序日),并抄入表 5-1 第 3 栏,如 1950 年山桃始花日期为 3 月 26 日,其序日为第 85 天,其余类推,但遇到闰年 2 月 29 日则为第 60 天,自 3 月 1 日起,需把从平年序日表中的读数加一天,如 1952 年山桃始花日期为 4 月 1 日,因为是闰年其序日为(91+1)=92 天。

3. 按照 5.1 式计算平均日期

$$\overline{X} = \frac{1}{n} \sum_{i=1}^{n} X_i \qquad\qquad 5.1$$

X_i 为某一物候现象在第 i 年出现的序日;

n 为同一物候现象参加计算的年数,本例 $n=11$。

将计算结果 $\overline{X}=89.3$ 天,即 89 天,也即 3 月 30 日,记入表 5-1 第 3 栏下方。

4. 计算逐年出现日期(X_i)与($\overline{X}$)的偏差,如 1950 年山桃始花日的偏差($X_i - \overline{X}$)$=85-89=-4$,其余类推,并将计算结果记入表 5-1 第 4 栏,然后求和，本例 $\sum(X_i - \overline{X}) = +3$，记入本栏最下方。

5. 计算第 4 栏的平方值，记入第 5 栏，然后求和。本例 $\sum(X_i - \overline{X})^2 = 311$。

6. 按照 5.2 式计算标准差。

$$S = \sqrt{\frac{\sum(X_i - \overline{X})^2}{n-1}} \qquad 5.2$$

本例 $S = 5.57$（天）。

7. 从表 5-1 的第 2 栏中挑出最早和最晚出现日期，本例分别为 3 月 23 日和 4 月 6 日。

三、计算结果的审查

除了要求计算结果准确无误之外，主要是对各物候现象的平均发生日期，按照前述对原始记录审查的方法，再做一次审查，看看是否符合物候现象发生的顺序性，这一步之所以重要，主要是因为能参加计算平均值的各项物候记录，观测年份不一定相同，这就很可能发生某种树木的平均盛花日反而在始花日之前等物候现象倒置的情况。如果发生了这种情况，则保留参加计算年份较多的那个物候现象的平均值，而舍弃另一个。也可能参加计算的年份数相同，比如都是 5 年，只是这 5 年并不是相同的年份，对此则保留指示意义较大的那个物候现象，如在始花与盛花之间，保留始花，其余类推。

四、排序编制物候历

遵循以上步骤，对各物候记录进行审查，计算、再审查之后，便可以按照统计计算的结果，对各种物候现象进行最后的排序，编制物候历了。

在对各种物候现象进行排序时，应遵循以下几条规则：

第一，按照各物候现象平均发生日期的先后进行排序，发生早的排在前面；

第二，当几种物候现象的平均发生日期相同时，则按照它们最早发生日期的先后排序，仍然是发生早的排在前面；

第三，若几种物候现象的最早发生日期也相同，再按照它们最晚发生日期的先后排序，还是将发生早的排在前面；

第四，若几种物候现象的以上 3 个统计量都相同，则按照它们标准差数值的大小排序，将数值大的排在前面。

总之，以上几条规则的实质，是要保证物候现象的排序能够反映它们发生先后的实际情况，也即符合物候现象发生的顺序性规律。

在原始物候观测资料既定的情况下，按照上述原则和步骤编成的物候历，可以保证内容比较丰富而科学。它在一定程度上反映了一个地方物候现象发生的顺序性和准年周期性规律，此外，还反映了一些物候现象重叠发生的情况。

表5-2是《北京地区的物候日历及其应用》一书中海淀区玉渊潭—花园村一带的物候历，这里只摘录了统计年数在5年以上的物候记录。

表5-2　北京市海淀区玉渊潭—花园村一带的物候历（摘录）
（1979～1987年）
纬度：39°55′N，经度：116°21′E，海拔：50米

月份	物候现象	统计年数	平均日期（月.日）	最早日期（月.日）	最晚日期（月.日）	标准差（天）
一月	湖塘冰始融	5	1.28	1.20	2.3	5.9
二月	土壤表面开始解冻	6	2.6	1.19	2.26	13.3
	毛白杨芽始膨大	5	2.12	2.4	2.21	7.4
	毛白杨芽开放	9	2.19	2.8	3.5	8.1
	榆树芽始膨大	8	2.19	2.9	3.3	6.6
	旱柳芽始膨大	7	2.24	2.13	3.9	7.7
	珍珠梅芽始膨大	8	2.26	2.9	3.7	8.5
	榆树芽开放	9	2.26	2.14	3.15	8.4
	山桃芽始膨大	8	2.28	2.11	3.18	10.8
三月	旱柳芽开放	9	3.2	2.17	3.19	8.8
	珍珠梅芽开放	8	3.5	2.14	3.17	9.3
	毛白杨现花序	7	3.5	2.20	3.17	8.5
	山桃芽开放	7	3.6	2.15	3.21	11.4
	榆树现蕾	9	3.6	2.27	3.20	6.8
	初雨	6	3.9	2.23	3.20	9.1
	垂柳芽开放	9	3.10	3.1	3.22	7.0
	桧柏芽始膨大	9	3.10	3.2	3.24	7.0
	连翘芽始膨大	8	3.10	3.3	3.17	4.9
	湖塘冰全融	5	3.11	3.4	3.22	7.0
	白杜芽始膨大	7	3.12	3.4	3.22	6.6
	杏树芽始膨大	6	3.13	3.7	3.22	5.8
	暴马丁香芽始膨大	9	3.15	3.6	3.28	7.5
	山桃现蕾	9	3.16	3.8	3.27	7.0
	榆树始花	9	3.17	3.9	3.27	6.7

月份	物候现象	统计年数	平均日期 （月．日）	最早日期 （月．日）	最晚日期 （月．日）	标准差 （天）
三月	侧柏芽开放	9	3.18	3.7	4.1	8.1
	杏树芽开放	9	3.18	3.14	3.26	4.4
	终雪	8	3.19	2.23	4.12	15.7
	白杜芽开放	7	3.19	3.7	3.28	7.2
	毛白杨始花	9	3.20	3.10	3.28	7.0
	榆树花盛	9	3.20	3.11	3.29	6.6
	旱柳现花序	8	3.20	3.12	3.29	6.3
	玫瑰芽开放	8	3.21	3.13	4.4	7.9
	黄刺玫芽开放	9	3.21	3.14	3.29	5.9
	柿树芽始膨大	9	3.23	3.8	4.3	9.0
	加拿大杨现花序	7	3.23	3.19	3.28	4.0
	杜仲芽始膨大	5	3.24	3.16	3.28	5.0
	白丁香现花序	7	3.24	3.16	4.1	6.8
	榆树花末	8	3.24	3.16	4.2	6.8
	毛白杨花盛	8	3.25	3.19	4.1	5.1
	蟾蜍始见	6	3.26	3.8	4.7	11.1
	紫丁香现花序	8	3.26	3.15	4.7	8.1
	连翘现蕾	8	3.26	3.19	4.5	5.8
	臭椿芽始膨大	8	3.27	3.16	4.6	7.1
	垂柳现花序	8	3.27	3.19	4.7	6.6
	菜粉蝶始见	7	3.28	3.11	4.10	9.6
	重瓣榆叶梅现蕾	8	3.28	3.18	4.9	8.2
	山桃始花	9	3.28	3.20	4.6	6.1
	珍珠梅展叶始	9	3.29	3.18	4.5	6.4
	垂柳展叶始	9	3.29	3.19	4.7	6.6
	杏树现蕾	9	3.29	3.22	4.3	4.5
	毛白杨花末	9	3.30	3.21	4.8	6.7
	黄栌芽开放	9	3.30	3.24	4.6	5.1
	加拿大杨始花	9	3.31	3.23	4.7	5.0
	山桃花盛	9	3.31	3.23	4.8	5.7

续表

月份	物候现象	统计年数	平均日期 （月．日）	最早日期 （月．日）	最晚日期 （月．日）	标准差 （天）
四月	连翘始花	9	4.1	3.24	4.9	5.4
	刺槐芽始膨大	6	4.1	3.25	4.11	7.7
	枫杨芽开放	7	4.2	3.23	4.11	6.8
	紫丁香展叶始	9	4.2	3.26	4.11	6.1
	玫瑰展叶始	8	4.3	3.28	4.11	5.3
	白杜展叶始	8	4.3	3.28	4.13	5.3
	玉兰现蕾	6	4.4	3.27	4.7	4.5
	旱柳始花	8	4.4	3.28	4.11	4.5
	垂柳始花	8	4.5	3.30	4.10	4.2
	黄刺玫展叶始	9	4.5	3.30	4.15	5.6
	杏树始花	9	4.5	3.31	4.12	4.6
	黄杨始花	7	4.6	3.27	4.12	5.3
	山桃花末	9	4.6	3.29	4.12	4.4
	连翘花盛	8	4.6	3.30	4.11	4.5
	杏树花盛	8	4.6	4.1	4.13	4.8
	紫花地丁花盛	6	4.7	3.28	4.14	6.7
	玉兰始花	6	4.7	4.3	4.10	2.4
	蒲公英始花	8	4.8	3.22	4.27	11.4
	垂柳花盛	6	4.8	4.1	4.13	5.1
	玫瑰展叶盛	7	4.8	4.3	4.13	3.2
	榆树展叶始	9	4.8	4.4	4.14	3.9
	玉兰花盛	6	4.9	4.5	4.13	3.1
	连翘展叶始	7	4.10	4.4	4.16	4.8
	重瓣榆叶梅始花	8	4.10	4.4	4.16	4.5
	枫杨展叶始	7	4.10	4.4	4.21	5.6
	紫荆现蕾	7	4.10	4.5	4.16	5.0
	加拿大杨展叶始	9	4.11	4.5	4.18	4.9
	七叶树展叶盛	5	4.11	4.6	4.14	3.1
	重瓣榆叶梅花盛	8	4.12	4.4	4.21	6.1
	紫穗槐芽开放	6	4.12	4.6	4.16	4.1

续表

月份	物候现象	统计年数	平均日期（月．日）	最早日期（月．日）	最晚日期（月．日）	标准差（天）
四月	黄刺玫现蕾	7	4.13	4.3	4.24	7.0
	紫丁香始花	9	4.13	4.6	4.21	5.7
	紫藤现花序	7	4.13	4.6	4.27	7.9
	胡桃展叶始	8	4.13	4.11	4.24	6.1
	元宝槭始花	7	4.14	4.6	4.21	5.3
	暴马丁香现花序	5	4.14	4.8	4.19	4.2
	榆树展叶盛	8	4.14	4.8	4.21	5.0
	银杏展叶始	5	4.14	4.9	4.24	6.0
	白丁香始花	9	4.15	4.8	4.25	6.2
	柿树展叶始	6	4.15	4.8	4.28	7.2
	刺槐展叶始	8	4.16	4.7	4.24	5.9
	枫杨始花	8	4.16	4.9	4.25	5.8
	紫穗槐现花序	7	4.17	4.11	4.25	5.0
	毛白杨展叶盛	8	4.17	4.11	4.27	5.9
	紫丁香花盛	9	4.18	4.11	4.27	6.2
	碧桃始花	5	4.18	4.12	4.22	4.3
	构树展叶始	8	4.19	4.11	4.25	4.9
	国槐展叶始	9	4.19	4.12	4.30	5.6
	洋白蜡展叶盛	7	4.20	4.11	5.3	7.1
	西府海棠花盛	5	4.20	4.14	4.24	4.3
	紫荆始花	7	4.21	4.13	5.3	6.8
	毛泡桐始花	7	4.21	4.14	5.3	6.4
	毛白杨飞絮始	5	4.21	4.16	4.27	4.7
	枣树芽开放	5	4.22	4.11	4.28	6.8
	臭椿展叶盛	6	4.22	4.15	5.4	7.0
	油松展叶始	9	4.23	4.14	5.3	5.9
	荆条展叶始	8	4.24	4.14	5.3	5.7
	构树始花	9	4.25	4.21	5.3	5.2
	雷始鸣	9	4.26	4.4	5.31	17.4
	毛泡桐展叶始	6	4.27	4.17	5.7	7.1

续表

月份	物候现象	统计年数	平均日期 (月.日)	最早日期 (月.日)	最晚日期 (月.日)	标准差 (天)
四月	刺槐现花序	7	4.27	4.17	5.11	9.1
	紫藤始花	8	4.27	4.20	5.7	6.1
	油松始花	9	4.28	4.19	5.6	6.3
	酸枣展叶始	6	4.28	4.23	5.6	5.5
	枣树展叶始	7	4.29	4.23	5.7	5.4
	毛泡桐展叶盛	6	4.30	4.23	5.12	7.7
五月	垂柳飞絮始	9	5.1	4.23	5.9	7.0
	玫瑰现蕾	7	5.2	4.26	5.13	6.9
	合欢展叶始	8	5.3	4.26	5.12	5.4
	刺槐始花	9	5.4	4.26	5.13	6.2
	构树花末	8	5.6	4.21	5.15	7.5
	刺槐花盛	9	5.7	4.30	5.16	5.7
	珍珠梅现花序	6	5.8	4.27	5.14	6.1
	枣树现花序	5	5.9	4.30	5.22	8.4
	黄刺玫花末	9	5.10	5.2	5.20	6.1
	白皮松花盛	5	5.11	5.8	5.13	2.3
	毛泡桐花末	7	5.12	5.4	5.20	6.4
	紫穗槐始花	9	5.13	5.6	5.26	6.6
	玫瑰始花	9	5.14	5.5	5.23	5.6
	芍药始花	5	5.14	5.9	5.24	5.8
	刺槐花末	9	5.15	5.9	5.24	5.8
	紫穗槐花盛	8	5.16	5.11	5.28	5.4
	白杜始花	9	5.17	5.10	5.26	5.1
	黑枣始花	9	5.19	5.11	5.26	5.3
	玫瑰花盛	7	5.20	5.16	5.27	4.5
	暴马丁香始花	9	5.22	5.15	5.29	4.9
	油松展叶盛	8	5.24	5.16	6.5	6.9
	臭椿始花	8	5.24	5.18	5.30	4.7
	白杜花盛	8	5.25	5.21	5.30	3.6
	柿树花末	8	5.26	5.20	6.1	4.2

续表

月份	物候现象	统计年数	平均日期 （月．日）	最早日期 （月．日）	最晚日期 （月．日）	标准差 （天）
五月	木槿现蕾	9	5.27	5.15	6.15	10.0
	酸枣始花	9	5.28	5.22	6.4	4.4
	蜀葵始花	5	5.29	5.17	6.4	7.7
六月	玫瑰花末	8	6.1	5.23	6.9	5.8
	枣树始花	8	6.2	5.27	6.9	4.6
	荆条始花	9	6.3	5.25	6.8	5.3
	珍珠梅始花	9	6.5	5.28	6.11	4.9
	酸枣花盛	8	6.6	6.1	6.13	4.4
	暴马丁香花末	8	6.7	6.3	6.12	3.6
	合欢始花	9	6.9	5.31	6.17	6.0
	枣树花盛	7	6.10	6.2	6.19	6.9
	蚱蝉始鸣	8	6.14	5.26	7.1	11.5
	合欢花盛	7	6.15	6.6	6.26	7.1
	荆条花盛	6	6.23	6.18	6.30	4.6
	木槿始花	9	6.26	6.19	7.11	7.4
	梧桐始花	6	6.28	6.14	7.10	9.8
七月	枣树花末	6	7.1	6.24	7.9	5.2
	紫薇始花	5	7.7	7.2	7.12	4.6
	国槐始花	8	7.14	7.1	7.22	6.7
	国槐花盛	5	7.27	7.24	7.31	3.4
八月	合欢花末	7	8.3	7.21	8.13	6.9
	臭椿果实成熟	6	8.6	7.29	8.20	7.8
	刺槐果实成熟	5	8.8	7.31	8.20	10.0
	国槐花末	9	8.13	8.6	8.25	6.8
	枫杨果实成熟	8	8.16	8.2	9.1	10.5
	合欢果实成熟	5	8.20	8.14	8.30	7.8
	杭子梢始花	6	8.28	8.23	9.2	3.5
	暴马丁香果实成熟	5	8.29	8.17	9.7	9.0

续表

月份	物候现象	统计年数	平均日期 （月.日）	最早日期 （月.日）	最晚日期 （月.日）	标准差 （天）
九月	荆条果实成熟	7	9.2	8.14	9.17	13.7
	火炬树叶始变秋色	6	9.7	8.24	9.17	9.9
	紫薇花末	5	9.10	9.3	9.16	5.1
	梧桐果实成熟	5	9.11	8.26	9.29	14.9
	枫杨果落始	5	9.12	9.3	9.21	7.4
	银杏种子成熟	8	9.12	9.6	9.22	5.4
	蒲公英二次开花	6	9.13	8.20	9.29	15.3
	洋白蜡叶始变秋色	9	9.14	8.31	9.29	8.0
	洋白蜡果实成熟	6	9.15	8.29	10.2	10.8
	侧柏种子脱落始	5	9.17	9.10	9.24	6.3
	杭子梢花末	7	9.18	9.13	9.22	3.5
	火炬树落叶始	5	9.19	9.10	9.30	8.6
	木槿花末	7	9.20	9.10	9.24	6.3
	枫杨叶始变秋色	9	9.21	9.2	10.11	11.7
	木槿叶始变秋色	7	9.21	9.18	9.26	2.9
	洋白蜡落叶始	6	9.23	9.14	10.2	7.4
	柿树果实成熟	7	9.24	9.16	10.6	7.0
	美国梧桐叶始变秋色	8	9.25	9.21	10.2	5.8
	柿树叶始变秋色	7	9.27	9.10	10.6	9.7
	紫藤叶始变秋色	7	9.28	9.17	10.8	7.7
	甘菊始花	8	9.29	9.25	10.3	2.9
	紫穗槐叶始变秋色	6	9.30	9.25	10.3	3.2
十月	银杏叶始变秋色	8	10.1	9.14	10.16	12.5
	臭椿叶始变秋色	5	10.1	9.22	10.9	7.6
	合欢叶始变秋色	9	10.2	9.18	10.12	8.0
	栾树叶始变秋色	7	10.2	9.23	10.7	4.4
	黄栌叶始变秋色	9	10.3	9.23	10.13	6.9
	加拿大杨叶始变秋色	9	10.3	9.27	10.8	3.2
	玉兰叶始变秋色	5	10.4	9.26	10.16	7.4
	甘菊花盛	8	10.4	10.1	10.6	1.9

续表

月份	物候现象	统计年数	平均日期（月．日）	最早日期（月．日）	最晚日期（月．日）	标准差（天）
十月	水杉叶始变秋色	7	10.5	9.22	10.18	10.1
	紫丁香叶始变秋色	9	10.5	9.26	10.12	4.5
	刺槐叶始变秋色	8	10.6	9.26	10.18	6.7
	珍珠梅叶始变秋色	8	10.6	9.30	10.20	6.2
	蚱蝉终鸣	8	10.6	10.1	10.14	4.2
	紫薇叶始变秋色	7	10.7	9.29	10.27	10.9
	柿树落叶始	7	10.8	9.26	10.15	5.9
	胡桃落叶始	6	10.9	9.26	10.21	8.4
	白杜落叶始	5	10.9	10.4	10.12	3.0
	加拿大杨落叶始	8	10.10	10.1	10.20	6.5
	梓树叶始变秋色	5	10.11	9.28	10.16	7.8
	荆条叶始变秋色	5	10.12	10.2	10.20	7.4
	暴马丁香叶始变秋色	9	10.12	10.6	10.25	6.6
	洋白蜡叶全变秋色	8	10.13	10.4	10.28	7.1
	连翘叶始变秋色	8	10.14	10.2	10.22	8.0
	紫藤落叶始	7	10.14	10.2	11.1	9.9
	黄刺玫叶始变秋色	6	10.16	10.6	10.29	9.6
	紫丁香落叶始	6	10.16	10.9	10.26	7.3
	白杜种子脱落始	5	10.17	10.8	10.24	6.2
	山皂荚落叶末	5	10.18	10.7	11.2	10.2
	甘菊花末	7	10.19	10.11	10.25	5.1
	元宝槭叶始变秋色	5	10.19	10.14	10.24	4.0
	杏树叶始变秋色	6	10.20	10.5	10.28	8.9
	洋白蜡落叶末	9	10.20	10.11	10.29	5.0
	火炬树叶全变秋色	6	10.21	10.15	10.28	5.5
	毛白杨叶始变秋色	9	10.22	10.7	11.6	12.8
	珍珠梅落叶始	7	10.22	10.9	11.3	9.6
	榆树叶始变秋色	7	10.23	10.9	11.2	9.6
	山桃叶始变秋色	8	10.24	10.11	10.31	7.5
	毛泡桐落叶始	9	10.24	10.11	11.8	9.6

续表

月份	物候现象	统计年数	平均日期 （月．日）	最早日期 （月．日）	最晚日期 （月．日）	标准差 （天）
十月	旱柳叶始变秋色	9	10.25	10.15	11.1	5.3
	毛白杨落叶始	9	10.26	10.13	11.6	9.5
	荆条落叶末	8	10.26	10.18	11.3	6.0
	黑枣落叶末	9	10.27	10.12	11.2	6.2
	臭椿落叶末	8	10.27	10.15	11.8	8.8
	银杏叶全变秋色	7	10.27	10.18	11.5	5.1
	黄栌叶全变秋色	9	10.27	10.20	10.31	3.3
	银杏落叶始	9	10.28	10.20	11.2	5.0
	初霜	8	10.29	10.20	11.22	10.9
	加拿大杨叶全变秋色	7	10.29	10.22	11.3	3.9
	旱柳落叶始	6	10.30	10.22	11.4	4.7
	柿树落叶末	8	10.30	10.22	11.9	6.7
	玫瑰叶始变秋色	7	10.31	10.27	11.4	2.5
	酸枣落叶末	5	10.31	10.27	11.7	4.2
十一月	垂柳叶始变秋色	9	11.1	10.27	11.5	3.1
	火炬树落叶末	6	11.2	10.28	11.9	3.9
	元宝槭叶全变秋色	6	11.2	10.30	11.4	1.9
	胡桃落叶末	9	11.3	10.24	11.10	5.5
	合欢落叶末	9	11.3	10.30	11.8	2.8
	美国梧桐叶全变秋色	8	11.3	10.31	11.10	3.1
	紫薇落叶末	6	11.4	10.24	11.9	6.9
	栾树落叶末	7	11.4	11.1	11.9	2.7
	刺槐叶全变秋色	7	11.5	10.26	11.11	5.6
	垂柳落叶始	5	11.6	10.27	11.13	6.9
	加拿大杨落叶末	9	11.6	10.31	11.10	3.5
	梧桐叶全变秋色	6	11.6	11.1	11.9	3.4
	始结冰	8	11.7	10.22	11.26	11.9
	黄栌落叶末	9	11.7	11.1	11.13	4.3
	连翘落叶末	8	11.8	11.4	11.12	2.6
	木槿落叶末	9	11.8	11.6	11.12	1.9

续表

月份	物候现象	统计年数	平均日期 （月．日）	最早日期 （月．日）	最晚日期 （月．日）	标准差 （天）
十一月	紫荆落叶末	6	11.9	11.6	11.11	1.7
	元宝槭落叶末	7	11.9	11.7	11.11	1.6
	水杉叶全变秋色	7	11.10	11.6	11.14	3.0
	银杏落叶末	9	11.10	11.6	11.16	3.5
	暴马丁香落叶末	9	11.11	11.6	11.18	4.2
	山桃落叶末	9	11.12	11.4	11.28	7.2
	紫丁香落叶末	9	11.12	11.8	11.16	2.7
	小叶朴落叶末	7	11.13	11.6	11.19	4.8
	刺槐落叶末	9	11.14	11.9	11.21	4.5
	黄刺玫落叶末	9	11.14	11.10	11.18	3.4
	毛泡桐落叶末	9	11.15	11.6	11.22	5.5
	白杜落叶末	8	11.15	11.6	11.26	6.9
	珍珠梅落叶末	9	11.17	11.10	11.27	5.1
	榆树落叶末	8	11.18	11.10	11.24	5.4
	水杉落叶末	7	11.19	11.9	12.3	8.9
	湖塘始结冰	5	11.19	11.10	12.4	9.0
	毛白杨落叶末	9	11.20	11.12	11.27	4.4
	美国梧桐落叶末	7	11.23	11.20	12.6	6.3
	旱柳落叶末	9	11.25	11.19	12.1	3.7
	垂柳落叶末	9	11.29	11.20	12.8	5.2
十二月	初雪	9	12.6	10.31	2.1	33.6

第三节 物候历的应用

　　物候历反映了一个地方自然景观以年为周期的季节性动态的一般情况。它不仅是一个地方背景性的基本科学文献，而且还是衡量和推测当地许多季节现象发生时间的一把标尺，具有广泛的应用和参考价值。

一、判断季节的早晚

一个地方季节的早晚，是指一部物候历所能代表的一定范围内的地方性季节的早晚。物候历是判断当地各年季节早晚是否属于正常的准绳。判断季节早晚的依据是某一特定年份的物候实测结果与物候历给出的该物候现象多年平均发生日期的距平。例如北京1985年春至初夏，许多物候现象发生期晚于多年平均日期，为正距平，从而表明该年此段时期季节偏晚（表5-3）。

表5-3 北京海淀区花园村春季部分植物的始花日期（月．日）

物候现象	平均（1979～1987年）	1985年	距平（天）	标准差（天）
榆树始花	3.17	3.27	＋10	6.7
山桃始花	3.28	4.4	＋7	6.1
连翘始花	4.1	4.5	＋4	5.4
杏树始花	4.5	4.9	＋4	4.6
紫丁香始花	4.13	4.15	＋2	5.7
紫荆始花	4.21	4.22	＋1	6.8
紫藤始花	4.27	4.28	＋1	6.1
刺槐始花	5.4	5.6	＋2	6.2

由表5-3可以看出，1985年初春大约比常年迟7～10天；仲春迟2～4天；晚春迟1～2天。总之，物候发生期的距平都是正值，但随着初春至初夏时间的推移，距平的绝对值越来越小，从7～10天变为1～2天。由此，我们不仅得知不同时期季节早晚的变化幅度，而且可以看出这种幅度变化的趋势。这是用物候历判断某一特定年份季节相对早晚的一个实例。

用物候历判断季节变化的另一方面是确定季节早晚的正常与异常，这就需要用物候历中给出的物候期的另一统计量——标准差。具体的判断标准是如果在一特定的年份中，某一物候期的距平绝对值小于标准差（$|X_i - \overline{X}| < S$），则该年这一时段的季节属于正常。否则，如果距平绝对值大于或等于标准差（$|X_i - \overline{X}| \geqslant S$），则这一阶段的季节属于异常。其中，若 $X_i - \overline{X}$ 为正，属异常偏晚；为负，属异常偏早。这里仍以1985年的例子予以说明。由表5-3可知，北京海淀区花园村一带，初春榆树始花和山桃始花期的正距平分别为10天和7天，大于它们各自的标准差值且为正值，说明该年这一时期季节异常偏晚，进入仲春以后，从连翘始花开始，物候现象距平值小于标准差且均为正值，说明该年仲春、晚春季节虽然晚于平均日期，但这种偏晚仍属于季节变化的正常范围之内。

利用物候历，对各年季节到来的早晚及其正常、异常情况做出判断，这无疑对于认识自然界的季节变化，适时安排好当年许多季节性的生产和生活是非常有益的。

二、物候现象重叠性的应用

自然界中许多以年为周期的季节性现象之间具有同时或大体同时发生的情况，这称为物候现象发生的重叠或同步。无论这种同步性是基于直接的生态联系，还是基于发生时间上的统计相关，都可以依据物候历来推断一些季节性现象发生的早迟。例如梨实蜂成虫的盛发期与鸭梨、京白梨花盛期同步，这是因为梨实蜂在梨花的萼片表皮组织内产卵，等幼虫孵化出来后，就地为害，钻入果内，使幼果慢慢变黑凋落。这种同步性是基于生物链关系，长期适应的结果，属于直接的生态联系。这样，物候历上梨树花盛的平均日期及其变化情况，也就有指示梨实蜂成虫盛发期的意义了。而危害北京市市树国槐的害虫国槐尺蠖，在北京地区通常一年发生三代，各代幼虫的孵化为害期分别与刺槐花盛（一代）、枣树花盛（二代）、国槐花盛（三代）的时间相重叠。在毛白杨花盛期，松大蚜越冬卵开始孵化为若虫，在松针基部或嫩枝上刺吸为害。国槐尺蠖幼虫以树叶为食，松大蚜以树液为食，显然与上述植物花期不存在直接的生态联系，但这种同步性的存在，仍可使我们把上述植物的花期作为国槐尺蠖、松大蚜为害的物候指标。物候现象之间稳定性重叠关系，也为科学研究提供了一种方便，即在某些资料缺乏时，可以用重叠发生的另一种物候现象来取代。正是基于这一点，20世纪80年代末，通过对物候历的分析，发现大山樱始花期和重瓣榆叶梅始花期重叠，利用北京地区榆树、山桃和重瓣榆叶梅等较长年份的花期资料，建立了对大山樱花期的预报方程，从而可以对北京赏樱时机提前2～3周做出预报。

此外，一个地方的物候历上所列的物候现象发生日期，还具有指示季节的意义。在作物栽培方面，一些树木物候现象可以指示农作物的发育期和适宜栽培期，如"枣芽发，种棉花"，"合欢开花，冬小麦成熟"等等。在林业经营上，林木的物候发生期可以指示适宜的采种期、栽植时间等。在牧业生产中，牧草割刈时机的掌握和季节性轮牧的管理等，则要参考牧草的物候发生期。

三、寻找界限温度稳定通过日期的物候标志

物候现象的指示意义，不限于上述生物物候现象之间，生物物候对无机环境条件也具有许多指示性，在这方面研究较多的是植物物候对于气温的指示意义。由于气温是一个重要的生态因子，所以当自然植物发育到一定阶段时，大体能反映该地通过某一指标温度并达到一定数量的有效积温。这样，就可以把自然植物发育到一定阶段出现的物候现象，作为通过一定农业气象

指标温度和达到一定数量有效积温的宏观标志。例如，有人研究，在沈阳地区可以把"草始绿"作为春季气温上升到5℃的标志；杏树始花和刺槐开花分别是气温稳定回升到10℃和15℃的标志。在晚秋、初冬时节，主要阔叶树叶落尽则标志着沈阳地区的候平均温下降到5℃。

北京地区，利用物候历和日均温稳定通过0℃、5℃、10℃、15℃、20℃初、终期的比较，得到表5-4所列的一系列物候标志。它们对于日均温稳定通过某一数值的初、终期，具有一定的指示意义。

表5-4　北京地区日均温稳定通过某些指标温度的物候标志

稳定通过的指标温度	物候标志
≥0℃	榆叶梅、紫丁香、黄刺玫、玫瑰等芽膨大，毛白杨现花序
≥5℃	柿树芽始膨大，榆树花末，毛白杨开花，加拿大杨现花序
≥10℃	山桃展叶，杏树、紫花地丁、垂柳等花盛
≥15℃	黄刺玫、油松、紫藤、构树等始花
≥20℃	酸枣、枣始花，黑枣花末，臭椿花盛
≤20℃	杭子梢花盛，种子成熟
≤15℃	野菊花盛，紫丁香、加拿大杨、栾树叶始变秋色
≤10℃	紫薇、银杏、黄栌叶全变秋色
≤5℃	槐树叶全变秋色，紫丁香、山桃、紫藤落叶末
≤0℃	榆树、毛白杨、旱柳落叶末

对表5-4需要说明的是，这些物候标志对于相应日均温稳定通过日期的指示意义是比较概略的，这是因为某种物候现象的发生是受多种生态因子累积作用的综合影响。然而由于气温是其中一种比较重要的因子，所以，某些物候现象对一定的指标温度尚有比较好的指示作用，特别是一些花期的指示作用就更为稳定些。

物候历作为一个地方衡量自然景观季节性动态的时间标尺，除去以上指示意义外，还可以用来对某种物候期及其指示的目标做出预报。用物候历进行预报的方法称为平均期距法(见第七章物候预报)。

除了以上所列举的诸项内容之外，物候历还可以用于地区之间一般季节和物候状况的比较，以服务于引种工作；进行古今的物候比较，研究气候的波动和变迁等。在园林季相的设计上，由物候历可以得知有关树木的冬态期、叶幕期，又可分绿色期和秋色期、花期、果期等的时间及其持续日数，从而为恰当使用各种绿化材料，构成园林、街道绿化的时序美提供科学依据。随着遥感技术的发展，管理、规划和决策环境系统，城市用地，土地利用，水资源的开发，以及农、林业的许多方面，都可以利用遥感手段，而获取遥感图像最佳时机的选择，遥感图像的目视判读和计算机解译，则都需要物候方面的依据。H. 哈林指出："如果预先拟定航空摄影测量的计划，还必须知道植物发育的季节期限及其年变率。"这些内容正是物候历所特有的东西。

总之，物候历是关于自然界季节性动态的一种基本文献资料，人们对于物候历应用的程度取决于物候历的内容是否丰富，以及使用者对有关知识掌握的程度。

第六章　物候季节

第一节　季节概述

以春、夏、秋、冬四季表示岁序，在我国由来已久，大约起源于周秦，完备于两汉。随着人类科学技术和文化的发展，人们对季节的应用与要求的不同，从不同角度对这一问题进行探索，划分有天文季节、自然天气季节、气候季节和物候季节等等，然而究其对于春夏秋冬概念的本质认识，却是基本上一致的。

从汉代刘熙《释名》可知，在我国早已形成的春夏秋冬的概念是："春，蠢也，动而生也；夏，假也，宽假万物，使生长也；秋，緧，緧迫品物，使时成也；冬，终，物终藏也。"在农业生产实践中，不同季节也分别赋予不同的特征和内容，如常说的春种、夏管、秋收、冬藏。显然这与作物的萌芽、生长、成熟等物候现象相联系。在英语中，春夏秋冬含有"生长""炎暑""收藏""衰老"的意思，也显示了与气候、植物生命活动及农业生产相关的涵义。

因此，可以认为，各种季节的划分就是在不同的层次上，对地球上的气候、植物生命活动以及人类的农业生产活动等季节性变化的一种逼近。

一、天文季节

我国古代应用的四季是以二十四节气中的立春、立夏、立秋、立冬为四季开始，由于二十四节气是根据地球环绕太阳公转的位置划分的，所以，以"四立"划分的季节，也就是把地球公转一周均匀分为四个时段，故称之为天文四季。从广义来讲，二十四节气也是一种天文季节，只不过是把一年分成二十四个时段，每个节气的名称则分别具有天气、气候、物候或农业生产等方面的意义，反映了人们早期的季节观念。

我国农历四季，虽然是按天文季节的二十四节气划分的，但采用的月是朔望月，因而每个节气在月份的日期上是不固定的，朔望月虽然每个月都有月相上的意义，但不能反映太阳和地球相对位置的关系，缺乏气候上的意义。因为地球表面气候的变化，在很大程度上是与太阳供应地面的热量相关联的，所以到 20 世纪初，我国也同世界上大多数国家一样采用了格里历。

西方的格里历是以春分、夏至、秋分、冬至为四季的开始。通常春分是在 3 月 21 日，夏至是在 6 月 22 日，秋分是在 9 月 23 日，冬至是在 12 月 22 日。为了使用上方便，常以 3～5 月为春，6～8 月为夏，9～11 月为秋，12 月至翌年 2 月为冬。这种划分和我国农历四季在月份上相差两个月，即我国农历的 1（正月）～3 月为春季，4～6 月为夏季，7～9 月为秋季，10～12（腊）月为冬季，在实际时间上平均相差一个半月（图 6-1）。

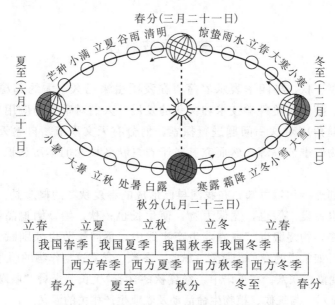

图 6-1　地球公转、二十四节气及四季的划分

这种天文季节反映了地球辐射能收支状况的一定关系，因而它在某种程度上能反映天气、气候变化的特征。然而按照这种季节划分方法，无论是不同地区还是同一地区，每年的各个季节起讫日期相同，这显然与各地的实际情况不相符合。所以，早在我国宋代，陈敷在他的《农书》中，就对上述类型的季节划分提出了批评，认为按照这种季节安排农业生产，实际是"冒昧以行事"。由于天气、气候状况不仅取决于辐射收支，还更直接地决定于大气本身的一系列非定常因子。例如大气环流在下垫面作用下产生的非周期性变化，大气冷热源分布引起的长波和超长波调整等等。这些非定常因子的作用，可以使某一季节的大气活动中心状况与其正常状况相比较发生很大的偏差，结果使天气、气候上的季节变化不像天文季节那样整齐划一，日期固定。在我们日常生活中，也时常遇到某年冷得早（冬季开始得早），或某年暖得晚（春季开始得晚）等等。因此，从长期天气预报的角度就产生了按天气特征来划分季节的必要性。自然天气季节这个概念就是适应这种要求，以分析各年天气变化而产生的。

二、自然天气季节

根据我国气象工作者的分析，东亚上空大气环流形势随着不同的时段，出现明显的改变和调整。在特定的时段里，天气、气候具有明显的特征，当时段转换时，大气环流和大型天气过程均有相应的改变。经过这样的改变和调整后，500hPa平均环流形势，基本上是稳定相似的，天气现象和天气过程以及气候要素的变化，也是稳定的，渐进的。按照这样的大气环流、天气过程和气候变化时段而划分的季节，在气象上称为自然天气季节。如果按照其成因来说，也可称为环流季节。

据叶笃正、刘匡南等对于高空环流变化的研究，把3月初起高空低压槽自乌拉尔山区一个个东移，引起东北低压发展的现象，作为春季的来临。到6月中旬，青藏高原南支西风急流消失，低纬度高空东风带和中纬度高空西风带突然向北移动，建立夏季环流形式。9月初，蒙古高原一带槽区变为脊区，高空高压脊第一次在这里维持较久，地面上第一个较强的冷高压南下到长江中下游，秋季便告来临。至10月中旬，高空东、西风带突然向南推移，青藏高原南支西风急流重现，建立冬季环流形式。

对于低空环流的季节变化，高由禧、徐淑英以东亚季风进退为标志进行了季节划分。3月初，夏季风开始影响到我国华南；4月中，夏季风影响到华中，此时华南转为夏季风盛行期；6月中，夏季风影响到华北，华中进入盛行期，华南到了夏季风的极盛期；7月中，华中夏季风达到极盛，华北夏季风盛行；9月初，冬季风开始南下，并很快到达华北，而华南要在9月下旬才受到冬季风的影响；10月下旬，冬季风开始盛行于华北、华中，至11月上旬以后，冬季风才完全控制我国大陆。

根据上述高低空大气环流共同变化的转折点，气象工作者将我国东部地区划分为七个自然天气季节，各季节的平均起讫日期和长度如表6-1所示。

表6-1　中国东部地区自然天气季节

季节名称	隆冬	晚冬	春季	初夏	盛夏	秋季	初冬
起讫日期	12月初～3月初	3月初～4月中	4月中～6月中	6月中～7月中	7月中～9月初	9月初～10月中	10月中～12月初
时间长度(月)	3.0	1.5	2.0	1.0	1.5	1.5	1.5

由表6-1中各季节平均起讫时间可以看出，其隆冬和天文之冬基本一致，晚冬和春季相当于天文之春，初夏与盛夏相当于天文之夏，秋季和初冬相当于天文之秋。

由于自然天气季节考察的是水平尺度在数千千米以上大气运行状况的季节变化，所以每个季节的起讫日期所代表的空间范围是相当大的，这样对于我国东部这一广大的区域，尽管各自然天气季节到来的日期在年际间可以不同，但在同一年份，某个季节在整个区域的起讫日期却是相同的。这为反映地面的气候、物候和农业生产季节变化，提供了概略的大气环流背景。而要使季节的划分更趋近于各地区地面季节变化的实际情况，还需要选择那些能反映地区性季节变化的指标来划分季节。利用气候要素变化值进行季节划分，便是这一思路的一种具体实践。

三、气候季节

按照气候要素中的降水划分季节，有干季和雨季之分；按照气候要素中的气温划分季节，则有热季和凉季之分。我国现在常用的气候季节划分方法，是 20 世纪 30 年代张宝堃提出的。在据以划分季节的候均温指标的选择上，作者除了考虑冷、热、温、凉等人们的感性认识外，还"旁考花木之容落"等物候变化，确定候均温在 22℃ 以上者为夏，在 10℃ 以下者为冬，在 10～22℃ 之间者为春、秋。按照这样的季节划分指标，得出我国福州、柳州一线以南长夏无冬，哈尔滨以北长冬无夏，唯有华北、华中地区四季甚为明显。

对于这样的季节划分，虽然也有不同的看法，但由于它考虑了重要的生态因子气温的季节变化，在为农业生产服务方面，比前两种季节划分更切合近地面层的实际，故至今仍被广泛采用。2012 年，中国气象局颁布了《中华人民共和国气象行业标准——气候季节划分》，仍以上述气温值作为划分季节的指标。

综上所述，我们对于天文季节、自然天气季节和气候季节（主要是其中的气温季节）的划分依据、划分方法和划分结果做了概略的介绍。可以看出，这三种季节的划分是从不同层次上考察地球上的季节动态的。天文季节将地球这一行星体作为考察季节变化的对象，用日地相对位置的变化表现地球上的季节变化；自然天气季节则以地球上广大的地域作为考察季节变化的对象，以大气运行状态变化来划分地球上某一区域的季节；而气候季节是将地表的某一地方作为其考察季节变化的对象，以该地气候要素的变化值划分该地的季节。因此，就这三种季节划分结果所代表的空间范围而言，天文季节最广，自然天气季节次之，气候季节最狭（表 6-2）。从对于反映地表自然界区域性的气候、动植物生命活动以及人类的农业生产活动等季节性变化来说，三者依次越来越趋近于局地实况。

表 6-2　各种季节划分方法所代表的空间尺度

季节名称	尺度分类	空间范围
天文季节	半球尺度	＞10000 千米
自然天气季节	大洲尺度	＞1000 千米
气候季节	中、小尺度	＜200 千米

随着农业生产活动向深度和广度的发展，以及人们对大自然观察、研究的进步，发现仅用气温做指标，将一年划分为四季或三季，以至于一季，不但时段显得过长，而且单一的气温指标，对于自然环境季节动态的代表性也不够综合。

在日本，有人提出："决定季节的并不是气温、降水和风等单个的气象要素，而是这些要素组合成的综合的气象状态。因此在了解季节演变上，是否还有比利用物理学方法去观察各个气象要素更适当的方法，就成为一个值得考虑的问题。"他们谈到一种方法，就是根据物候现象来判断季节的演变。近三四十年，在我国也不断有人指出，季节划分应注意物候。

以上情况表明，季节划分的时段趋短、变细，在划分的依据上更多地考虑物候状况，这是区域季节研究上的一种趋势。

第二节　物候季节的划分方法

在近代，我国用物候划分季节是竺可桢提出的，并于 1972 年与宛敏渭做了北京物候季节的划分。此后，许多地方分别结合各地的实际情况，进行了物候季节划分的研究。但到目前为止，在物候季节划分的依据和方法上，尚无统一认识，所以下面拟从介绍三种具有代表性的划分方法及其划分结果，来讨论我国物候季节的划分问题。

一、气温-物候双重指标法

采用气温和物候现象划分季节，我们称之为气温-物候双重指标的物候季节划分。顾名思义，物候季节就是以一年中各种物候现象的季节变化为指标划分的季节。但是，有种意见认为，在我国现在的情况下，进行物候观测，是以各地区现有树木为观测对象，因此有些地区只有当地树种，而无共同观测的树种。树木的种类不同，就难以进行地区间比较，而根据以往的一些研究表明，气温的高低与物候现象出现的早迟具有一定的相关关系，并且就气象观测而言，各地所记录的气温标准是一致的。因此，如果采用气温与物候现象并列，作为划分季节的指标，虽然不同地区，既有相同的树种出现大致相同的物候现象，也有不同的树种出现不同的物候现象，但只要以相同的气温为标准，就可以进行地区之间的比较了，这就是采用气温-物候双重指标划分季节的依据。

根据宛敏渭对北京和我国东部一些地区物候季节的研究，确定以日平均气温作为季节划分的气温指标，对于春、夏、秋、冬四季的划分来说，各季节开始的气温数值的确定，都有一定的物候依据。

春季是植物开始萌动发芽的时期，从我国一些地方生物学起点温度的计算可知，当日均温稳定通过3℃时，植物便结束休眠，开始生长。因此，以日均温稳定通过3℃作为春季开始的气温指标。

夏季是植物旺盛生长的时期，以日均温开始稳定通过19℃作为夏季到来的气温标志。从多年平均来看，依这一指标，我国东北的德都、伊春的入夏在6月末，北京、西安和扬州等地正是垂柳飞絮，刺槐、苦楝开花的时节，这也就是各地春末夏始的物候标志。夏季过后，当日均温又降至19℃时，定为秋季的开始。此时，北京、西安、洛阳、镇江、铜陵、仁寿等地的物候标志是野菊始花，就我国东部广大地区来看，以日均温19℃作为夏末与秋季开始的气温标志，春夏秋冬四季的分配日数尚比较适宜（表6-3）。根据对南京、北京、西安和伊春气温与物候状况的分析，冬季的到来，是在日均温降至10℃之前，此时各地便已降霜，并且已有很多树木的叶子完全变色，有的树种的叶子已完全脱落，呈现冬季景象。所以把10℃定为秋末的气温标志，并以日均温开始稳定降至10℃以下，定为冬季的开始。

综上所述，中国东部一些地区的四季划分，拟定以日均温达到3℃为春季的开始，从3℃升至19℃为春季，19℃以上为夏季，从19℃降至10℃为秋季，10℃以下至第二年日均温升至3℃以前为冬季。根据这样的划分季节指标，我国东部一些地区的物候季节划分如表6-3。

表6-3　中国东部一些地区物候季节的划分结果

地点	春季		夏季		秋季		冬季	
	（月．日）	日数	（月．日）	日数	（月．日）	日数	（月．日）	日数
德都龙镇	4.18～6.26	70	6.27～8.11	46	8.12～9.17	37	9.18～4.17	212
伊春五营	4.18～6.28	72	6.29～8.4	37	8.5～9.17	44	9.18～4.17	212
北京	3.8～5.7	61	5.8～9.18	134	9.19～10.24	36	10.25～3.7	134
西安	2.13～5.10	87	5.11～9.18	131	9.19～11.3	46	11.4～2.12	101
南京	2.12～5.7	85	5.8～10.4	150	10.5～11.15	42	11.16～2.11	88
扬州	2.12～5.8	86	5.9～10.3	148	10.4～11.15	43	11.16～2.11	88
仁寿	1.30～4.19	80	4.20～10.4	168	10.5～11.29	56	11.30～1.29	61

按照气温-物候双重指标进行的季节划分，还可以进一步在四季的内部细分出不同的阶段，以竺可桢和宛敏渭合著的《物候学》中对北京物候季节的划分来说，是将春、夏、秋三季再各分为三个阶段，将冬季分为两个阶段，一年总共划分了11个季段（表6-4）。

表 6-4　北京物候季节的划分指标

季节	季段	划分指标	
		日均温	物候现象
春季	初春	>3～5℃	山桃芽开放，羊胡子草发芽
	仲春	>5～10℃	榆树始花，山桃始花
	季春	>10～19℃	杏树始花，紫荆、桑始花
夏季	初夏	>19～24℃	刺槐花盛，柿树、枣树、栾树始花
	仲夏	>24～27℃	合欢花盛，木槿、紫薇始花
	季夏	<27～19℃	槐树始花，枣成熟
秋季	初秋	<19～16℃	白蜡果实成熟，野菊花始花
	仲秋	<16～13℃	核桃、桑、黄栌叶始变秋色
	季秋	<13～10℃	加拿大杨、梧桐开始落叶
冬季	初冬	<10～5℃	黄栌叶全变色
	隆冬	<5～3℃	绿柳落叶末

二、物候频率统计法的物候季节划分

从气温-物候双重指标的物候季节划分的研究成果可以看出，这种划分物候季节的方法还或多或少地借助于气温指标。然而进一步的研究得知，相同的气温指标，对于不同地区，或同一地区的不同年份来说，其生态价值是不同的。这可以从对同种植物或昆虫进行发育期预报时，在不同地区，以及不同年份，不宜取相同的基点温度和有效积温数值得到证明。此外，这也反映在同种植物的同一物候期在不同地区出现时，各地的气温并不一致这一点上。例如，一种杜鹃，在日本四国、九州等温暖地区，开花时的气温为 8～10℃；而在中部山岳寒冷地方，气温 6℃以下即可开花；更北在北海道开花时的气温则可以低到 3℃以下。

此外，在同一地区，不同年际同种物候现象发生的日期和一定的气温指标通过日期相比，前者变化幅度小，后者变化幅度大，而且它们的年际变化趋势并不保持一致。例如，沈阳地区 1963～1974 年刺槐始花的平均日期为 5 月 20 日，其最早日期（5 月 15 日）与最晚日期（5 月 26 日）相差不过 11 天；与刺槐始花最相近的气温指标，以候均温稳定通过 18℃来看，其平均日期为 5 月 25 日，最早为 5 月 6 日，最晚为 6 月 15 日，二者相差 40 天，以日均温稳定通过 15℃来看，其平均日期为 5 月 26 日，最早为 5 月 4 日，最晚为 6 月 11 日，二者相差也达 38 天。

　　显然，以上的事实表明，物候现象所反映的环境动态比较综合，即它反映的不仅是气温，还包括湿度、光照，以及土壤等条件共同作用于生物体的综合结果。这些生境条件好比是自变量，它们共同作用于生物体，生物体所发生的物候现象，好比是因变量。如果我们把握了物候现象这个因变量，就等于抓住了生境中诸自变量对于生物体的共同作用，以及生物体对这种作用的反馈，由此对于环境动态的季节考察自然是比较综合的。

　　从以上的思路出发，可以不借助于气温等其他任何指标而单纯以能够综合反映环境动态的物候指标对季节进行划分。这首先遇到的问题，当然是拟定划分季节的物候指标。要拟定这种指标，自然要明确春、夏、秋、冬的含义。它们应当尽量符合长期以来人们约定俗成的概念。

　　从前面引用的我国汉代刘熙在《释名》中对于春夏秋冬概念的解释和英语中春夏秋冬的含义等，可以说明，长期以来，不论中外，有关季节的概念，从本质上来说，根植于物候现象的动态之中。因此，物候频率统计法所采用的定量指标是按候出现的乔灌木物候现象的累计频率。

　　具体的做法是，对所有进行物候观测的乔灌木种类的某一物候期的记录，按它们出现在哪一候做记数统计，由此得出该物候现象在各候出现的频数。然后，再以观测的总种类数与各候出现的频数相除，得出该物候现象出现的频率，将该物候现象出现的频率逐个累加求得累计频率。

　　对所有用以划分物候季节的记录，按年份或物候历进行这样的统计。然后，以得出的累计频率绘制芽开始膨大、展叶始、展叶盛、开花盛、秋季叶开始变色，以及落叶始和落叶末等各种物候现象按候出现的累计频率曲线。图 6-2 就是利用北京玉渊潭—花园村的物候历数据绘制的花盛期累计频率曲线。

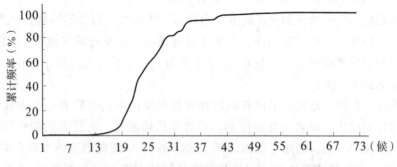

图 6-2　北京玉渊潭—花园村植物花盛期累计频率曲线

　　依据物候现象按候出现的累计频率曲线，按照拟定的指标（表 6-5），便可确定各物候季节的开始日期。下面对所划分的各物候季节的特征及其划分指标，做简略的说明。

表 6-5　物候频率统计法季节划分指标

季节	季段	划分指标
春季	初春	芽膨大的累计频率≥10％
	仲春	花盛的累计频率≥10％
	晚春	展叶始的累计频率≥50％
夏季		展叶盛的累计频率≥90％
秋季	初秋	叶始变色的累计频率≥5％
	仲秋	叶始变色的累计频率≥50％
	晚秋	落叶始的累计频率≥50％
冬季	初冬	夏绿乔灌木落叶末≥50％
	隆冬	夏绿乔灌木落叶末＝100％

　　春季又进一步划分为初春、仲春和晚春三个阶段（表 6-5）。初春是夏绿乔灌木在寒冷休眠之后，开始复苏萌动的季节，也即"春，蠢也，动而生也"。非生物物候现象在北方有土壤表面的日消夜冻，以及盐渍土地区的开始返盐等等。在农事活动方面，对于作物不能生长的"死冬"地区来说，是田间作业开始期。从植物物候现象来看，划分的数量指标是乔灌木芽开始膨大的累计频率开始通过 10％，这一天作为初春到来的日期。仲春是通常观念中春季最典型的时段，以春暖花开为特征，正是万紫千红结队来的时候。在农事活动方面是春耕播种的大忙时节。就植物物候现象来看，以各种乔灌木花盛的累计频率开始通过 10％，作为仲春到来的指标，这一天即是仲春的开始。与仲春相比，晚春的特征是，在季相上已从"万紫千红"转为"绿肥红瘦"。植物物候现象具体的划分指标是通过展叶始期的累计频率开始大于 50％，此时的农事活动主要是继续播种与苗期管理。

　　在景观色彩上，夏季的季相特征是绿，从植物群落的整体来看，是光合作用进行最旺盛的时节，即所谓"宽假万物，使生长也"。从植物物候现象来看，以展叶盛期的累计频率开始通过 90％作为初夏到来的划分指标，达到该指标的那一天，作为夏季的开始（表 6-5）。这一季节在农事活动方面，主要是田间管理，还有收麦、水稻栽插等重要农活。由于夏季物候现象发生少，物候资料缺乏，目前还不能做进一步的划分。

　　秋季气候和物候的典型特征是古曲所谓的"碧云天、黄花地、西风紧、北雁南飞"。在农事活动上以陆续收获为特征，即所谓"緔迫品物，使时成也"。这一季节的中期在我国由北往南，先后开始冬小麦的播种。秋季也可进一步划分为三个阶段，即初秋、仲秋和晚秋（表 6-5）。从植物物候现象来看，初秋的到来，以乔灌木叶始变色的累计频率开始通过 5％ 为指标，这一天即是初秋的开始。仲秋到来的植物物候指标是乔灌木叶始变色的累计频率开始通过 50％，这一天即是仲秋的开始。这时节的季相特征是叶色斑斓，呈现一派"不似春光，胜似春光"的景象。晚秋的到来以乔灌木落叶始期的累计频率开始通过 50％ 为指标，达到该指标的那一天，即是晚秋的开始。这时节的季相特征是树木大量落叶，杂草也大部分枯黄。

冬季典型的季相特征是落叶乔灌木的树冠枝杈暴露，进入休眠。按照叶落冠疏的过程，可将冬季划分为初冬和隆冬(表 6-5)。初冬的到来以 50％ 的夏绿乔灌木种类开始通过落叶末期为准，达到该指标的那一天，即为初冬的开始。至此，已有一半以上的夏绿乔灌木逐渐变为萧疏的冬态，待继续落叶，夏绿乔灌木全部达到落叶末期的时候，隆冬就到来了。"冬，终，物终藏也。"全部夏绿植物都进入休眠期了。

遵循以上提出的指标，对沈阳、北京、徐州、武汉、广州等地 1967 年的物候季节进行了划分。

需要说明的是对于广州物候季节划分的处理与其他四个地点稍有不同。因为这里已属于亚热带的南部，四时常花，终年都有植物的生长、发育，寒来暑往不如我国中亚热带及其以北地区表现得明显而强烈。如何对这样的地区进行物候季节的划分，值得进一步研究。现在的做法是，仍然按照前述的统一指标进行划分。考虑到这里仍有温凉期和暑热期的交替，所以在计算累计频率的时候，春季以最冷候(1967 年是第七候，1 月 31 日～2 月 4 日)过后的记录开始累计；秋季则增加在候均温开始低于 22℃ 的这一候(1967 年是第六十一候，10 月 28 日～11 月 1 日)之前最靠近的一个记录，作为计算的起点。这是由于此地秋季叶变色、落叶物候记录较少而做的便通处理。表 6-6 是对我国东部地区物候季节划分的结果。

表 6-6　沈阳、北京等地物候季节的开始日期(月．日)(1967 年)

地点	春季			夏季	秋季			冬季	
	初春	仲春	晚春		初秋	仲秋	晚秋	初冬	隆冬
沈阳	3.17	4.16	4.26	5.11	9.3	9.28	10.8	10.23	11.22
北京	2.25	4.6	4.16	5.1	9.18	10.3	10.23	11.17	12.12
徐州	2.20	3.22	4.11	5.1	9.23	10.23	10.28	11.27	12.22*
武汉	2.15	3.7	4.1	4.26	10.13	11.7	11.17	12.7	12.27
广州	2.10	3.2	3.22	4.26	10.23	—	—	—	—

*为北京与武汉之间的内插值。

物候季节不是孤立的现象，将表中的材料与东亚大气环流形势的演变进行比较，可以看出，这一物候季节的划分结果与我国季风盛行的气候特点是相符合的，而且各物候季节大体都具有比较典型的天气特征。例如，作为春季典型阶段的仲春，从南到北的开始期间，正是东亚上空西高东低的气压形势减弱时期（3月初至4月中），冬季风在3月初开始第一次明显减弱，夏季风开始在华南出现，这时的主要天气特征是：各地气温突增，降水也有增加。但在副热带以北，雨量增加不如气温或海陆间气压差的变化明显，仍然受削弱中的冬季风影响，以小寒而晴燥的天气为特点。又如，从北到南初秋开始期间，正是夏季风开始撤退，即冬、夏季风转换的过渡时期（9月初至10月中），由于冬季风来势较猛，夏季风退却也速，当第一次冷高压南下之际，热低压便迅速南退或停滞于长江以南地区，反映在天气上并不像夏季风来临那样变化多端。我国东半部广大地区正是秋高气爽之时，天气比较稳定而晴朗。

由表6-6还可以看出，我国东部地区四季长短的一些特征，除了以广州为代表的华南地区以外，其他地区都是春、秋季较短，而冬、夏季较长。各季节的长短在地区的差别上，除了众所周知的越往北冬季越长，夏季越短，向南则相反这一点以外，还有春季较秋季略长的特点（表6-7），这也符合我国夏季风北上历时较长，而冬季风南下迅速的活动特点。各个季节在我国东半部按纬度方向到来迟早的进展速度如表6-8。

我国气候大陆性强的特点，在这种物候季节划分的结果上也得到了反映。这可以从我国南北之间季节进展的速率，比深受海洋影响的日本、英美都要快而得到证明。以春季来说，英美季节进展的速率均为每增加1纬度，季节延迟约4天；在日本，从作为春季到来的典型物候标志——吉野樱花的开花日来看，纬度每增1度，推迟5～6天。在我国无论是初春、仲春或晚春到来的日期，从广州到沈阳，每升高1纬度，不过延迟1.9～2.4天。夏季到来得更加迅速，其进展速率为0.8天/1纬度，沈阳与广州夏季的开始日期相差不过半个月（表6-6、表6-8）。

表6-7　沈阳、北京等地各季节的长度（天）（1967年）

地点	春季	夏季	秋季	冬季
沈阳	55	115	50	145
北京	65	140	60	100
徐州	70	145	65	85
武汉	70	170	55	70
广州	75	180	110	—

表 6-8　沈阳、北京等地物候季节的进展程度(天/纬度)(1967 年)

区间	春季			夏季	秋季			冬季	
	初春	仲春	晚春		初秋	仲秋	晚秋	初冬	隆冬
沈阳～北京	10.0	5.0	5.0	5.0	7.5	2.5	7.5	12.5	10.0
北京～徐州	0.9	2.7	0.9	0.0	0.9	3.6	0.9	1.8	1.8
徐州～武汉	1.3	3.8	2.6	1.3	5.1	3.8	5.1	2.6	1.3
武汉～广州	0.7	0.7	1.3	0.0	1.3	—	—	—	—
沈阳～广州	1.9	2.4	1.9	0.8	2.7	2.1*	3.6*	4.0*	3.1*

*计算区间为沈阳～武汉。

从表 6-8 还可以看出,沈阳与北京之间,徐州与武汉之间,季节进展速率数值较大,前者为 2.5～10.0 天/纬度,后者为 1.3～5.1 天/纬度;而北京与徐州之间,武汉与广州之间,季节进展速率则较小,分别为 0.0～3.6 天/纬度和 0.0～1.3 天/纬度。这约略反映着东北、华北、华中等自然地理区域内部的季节动态节律趋于一致的特征。由此也可以认识到,这几个自然地理区域划分的客观性。

总之,运用物候频率统计法进行季节的划分,一般无须借助任何气象资料,在划分季节的物候指标确定上,采用样本统计的方法,这样易于避免使用某种植物的单一物候现象为指标的任意性,所反映的季节动态亦比较综合。这一方法适用于夏绿乔灌木广泛分布的我国大部分地区。通过将物候季节的划分结果与一些农业指标温度出现日期的对比分析表明,这种季节的划分,具有一定的农业实践意义。对于这一点,在北京地区物候季节与生长期的研究中得到了验证。

三、物候频率分布型法

不同区域同一季节的季相特征有可能是不完全相同的,所以从某一种季节定性含义出发,用相同物候期的同一累计频率数值划分各地的季节,就可能出现偏颇。

用物候频率分布型法进行物候季节的划分,基本思路是将一个地方数十种代表性植物的各种物候现象发生日期的观测资料组成混合样本,直接计算混合样本按候出现的频率和累计频率,绘制频率和累计频率曲线,并根据曲线分布型所表现出的波动阶段性,确定各季节的起讫日期。

下面依据北京什刹海地区物候资料,采用物候频率分布型法划分季节,并对所划分的各物候季节的特征及其划分指标做简略的说明。

根据 1991～2003 年什刹海地区物候观测记录编制的物候历,包括了 45

种乔灌木从芽膨大到落叶末共 465 项物候现象的多年平均发生日期，据此采用物候频率分布型法进行季节划分。

以 1 月 1 日为始点，计算什刹海地区一年中各候物候现象的发生频率和累计频率，绘制物候现象频率分布图(图 6-3)和物候现象累计频率分布图(图 6-4)。

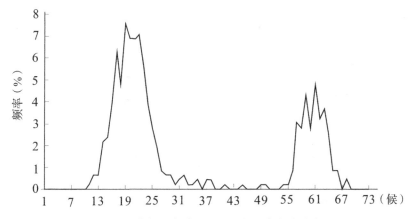

图 6-3　北京什刹海地区植物物候现象频率分布图

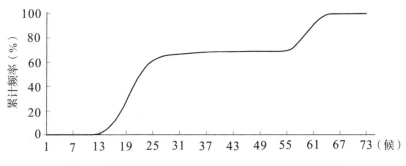

图 6-4　北京什刹海地区植物物候现象累计频率分布图

由图 6-4 可知，自第 11 候树木开始出现芽膨大起，至第 68 候最后一种夏绿树木落叶末止，全年植物物候现象累计频率达到了 100％。在这期间，植物物候现象累计频率曲线呈现出明显的阶段性变化，递增速率分别在第 14 候、27 候、56 候、65 候发生明显的转折，这四个转折点将植物物候现象累计频率曲线分割成由慢—快—慢—快—慢交替变化的五个阶段，由于物候现象是以年为周期的循环变化，所以呈现出四个快慢交替的变化阶段。据此，确定为春、夏、秋、冬四个一级景观季相阶段，上述四个转折点便为春、夏、秋、冬四季的起始日期。再参照图 6-3 各季段物候频率曲线的波动特征，又可细分出 12 个次级景观季相演变阶段，划分结果如表 6-9。

表 6-9　北京什刹海地区物候季节的划分

季节	春季			夏季			秋季			冬季		
季段	初春	仲春	晚春	初夏	盛夏	晚夏	初秋	仲秋	晚秋	初冬	隆冬	晚冬
开始日期	3.7	4.1	4.21	5.11	7.10	8.29	10.3	10.18	11.2	11.17	12.7	2.20
持续时间(天)	25	20	20	60	50	35	15	15	15	20	75	15
	65			145			45			110		
候序	14~18	19~22	23~26	27~38	39~48	49~55	56~58	59~61	62~64	65~68	69~10	11~13

　　什刹海地区的春季始于第 14 候的 3 月 7 日，结束于第 26 候的 5 月 10 日，持续时间达 65 天。在这两个多月的时间里，发生的物候现象约占全年的 62%，植物物候现象的累计频率曲线在这一季段抬升最快，累计频率每候平均递增 5.2%。累计频率曲线的这种变化态势，客观地描述了植物群落结束冬季休眠后，迅速萌动复苏，纷纷展叶开花的演变过程，反映了春季万物复苏，欣欣向荣的景观季相观特征。从图 6-3 可以看出，春季物候现象的发生也具有阶段性变化。第 19~22 候，累计频率的增幅达每候 7.0%，相应的物候现象发生频率曲线也对应着一个极显著的波峰，据此可以将春季细分为 3 个季段，即波峰前的第 14~18 候为初春，处于波峰的第 19~22 候为仲春，波峰后的第 23~26 候为晚春。

　　什刹海地区的夏季始于第 27 候的 5 月 11 日，结束于第 55 候的 10 月 2 日，持续时间 145 天，是本地区最长的一个季节。夏季物候现象累计频率曲线变化平缓，呈近于平行横轴式的延伸，累计频率每候平均递增 0.2%，整个夏季近 5 个月的时间，出现的物候现象仅占全年的 6%。显示出植物群落外貌处于一种变化单调的阶段，整个夏季以树冠的绿色为基调，呈现出浓荫匝地的景观季相特征。尽管夏季物候现象发生频率较低，但也出现了一些小的波动变化。从图 6-3 可以看出，整个夏季各候物候现象发生频率都保持在较低的水平，起伏变化不大，特别是第 39~48 候，几乎连续出现物候现象发生频率为 0 的记录，为全年的最低点。据此，将物候现象发生频率近于 0 的第 39~48 候定为盛夏，此前的第 27~38 候为初夏，此后的第 49~55 候为晚夏。

　　什刹海地区的秋季始于第 56 候的 10 月 3 日，结束于第 64 候的 11 月 16 日，持续时间 45 天，是一年中最短的季节。虽然秋季时间短促，但物候现象发生频率却占全年的 28%，是一年中第二个景观季相迅速变化的阶段，物候现象累计频率每候平均递增 3.5%。这种变化显示植物群落外貌再次进入急速变化时期，飘丹流黄的秋叶赋予秋天色彩，成熟的果实则给予秋天生机，它们共同构成了一年中"晚霞"的景观季相特征。由图 6-3 可以看出，在这一季段的初期，物候现象的发生频率开始迅速增加，第 59 候至 61 候达最大值，以后又开始迅速下降。据此,可将秋季细分为 3 个季段,即第 56～58 候为初秋,第 59～61 候为仲秋,第 62～64 候为晚秋。

什刹海地区的冬季始于第 65 候的 11 月 17 日,结束于次年第 13 候的 3 月6 日,持续时间 110 天,是一年中物候现象出现最少的阶段。在近 4 个月的时间里,只有约 4%的物候现象发生,且以落叶末和芽开始膨大两种物候现象为主,绝大多数树木处于休眠状态,除少数常绿树种外,树木裸露的枝条,构成了万木萧疏的景观季相特征。根据是否有物候现象出现,又可将冬季分为三个季段。第 65～68 候仍有 2%左右的物候现象出现,划为初冬;第 69 候至次年的第 10 候,夏绿树木完全进入休眠状态,物候现象出现频率为 0,划为隆冬;次年第 11～13 候,个别植物出现萌动现象,划为晚冬(图 6-3)。

可见,什刹海地区的四季具有春、秋短促,冬、夏漫长的特点,结合物候变化特点,可细分为 12 个季段。从季相变化来看,春、秋两季植物物候现象发生频率高,景观季相变化丰富;夏、冬两季树木物候现象发生频率低,景观季相变化相对单调(表 6-10)。

表 6-10 什刹海地区各季节不同物候现象的出现频率(%)

物候期	春季			夏季			秋季			冬季		
	初春	仲春	晚春	初夏	盛夏	晚夏	初秋	仲秋	晚秋	初冬	隆冬	晚冬
芽始膨大期	70.0	17.5										12.5
芽开放期	55.8	39.5										4.7
展叶始期	19.1	74.5	6.4									
展叶盛期		53.8	46.2									
现蕾或花序期	41.5	36.6	14.6	7.3								
开花始期	13.2	42.1	28.9	15.8								
开花盛期	13.2	28.9	36.8	18.4	2.6							
开花末期	5.6	27.8	38.9	19.4	2.8	5.6						
叶开始变色期					5.7		68.6	25.7				
叶完全变色期							50.0	47.2	2.8			
落叶始期							20.6	70.6	8.8			
落叶末期							11.1	63.9	25.0			

物候频率分布型法划分物候季节避免了人为规定划分指标的主观性,具有划分指标定量且综合,划分季段详细,季节的内涵丰富等特点,从而使季节划分的结果能够较客观地反映自然景观季相演变的过程。

第三节　北京地区的物候季节

物候季节的研究，不仅要确定各个季节的开始日期及各季节逐年到来迟、早的一般变程，还需要阐明各季节里的季相变化、气候特点以及农业活动等等。下面便结合北京地区物候季节的初步研究成果，讨论季节的这些实在内容。

北京市域面积 1.64 万平方千米，境内西部、北部和东北部是山区，约占全市面积的三分之二，其余的三分之一是以北京城区为中心的中部和东南部平原，通常称为北京平原。由于各地物候资料多寡不一，故采用不同的方法处理。对于资料比较丰富的北京城区附近，利用 12 年的植物物候观测记录，依物候频率统计法进行了季节的划分，其结果可以代表北京一般平原地区物候季节的状况。而对于其他地区，特别是山区，限于资料的缺乏，则从地理相关的思想出发，依据一些调查、访问的材料，结合地形、气候等方面的特点，给出它们相对到来早晚的大致情况，借以形成北京地区季节早晚空间分异的初步轮廓。

一、北京平原地区物候季节的划分与分析

根据物候频率统计法，分别确定了各年初春、仲春、晚春、夏季、初秋、仲秋、晚秋、初冬、隆冬等九个季段的开始日期。在此基础上，又求得各季节开始日期的 12 年平均值，是为准多年平均值，计算了各个季节到来日期的标准差(S)(表 6-11)。

表 6-11　北京平原各物候季节的到来日期及其标准差

季节		春季			夏季	秋季			冬季	
季段		初春	仲春	晚春		初秋	仲秋	晚秋	初冬	隆冬
日期 (月.日)	平均	2.28	4.4	4.17	5.5	9.18	10.4	10.21	11.12	12.5
	最早	2.20	3.27	4.6	4.21	9.3	9.18	10.13	11.7	11.17
	最晚	3.12	4.11	4.21	5.12	10.3	10.18	11.7	11.17	12.17
标准差(天)		6.5	5.0	4.3	7.3	8.8	7.4	6.2	4.2	8.2

季节到来的准多年平均日期，表示北京平原地区各季节开始早晚的平均状况，但各年之间季节到来的迟早是不同的，最大变幅即表示了各季节在多年间最早和最晚到来日期之间相差的天数，然而这种极端值，不能反映各个年份季节到来迟早的正常与异常状况。对此，需用标准差(S)予以分析。通过

对统计年份内 108 个季节到来日期的距平值（d）和标准差（S）进行的比较表明，$|d|>S$ 的占 29.2％。而以 $2S$ 进行比较时，1962 年的仲秋，1976 年的隆冬，以及 1977 年的晚春的距平绝对值大于 $2S$，这三年是季节到来提早异常的年份；1978 年的晚秋，1979 年的夏季的距平值也大于 $2S$，这两年是季节到来迟后异常的年份，二者共计占 4.6％。由此可见，若以 $2S$ 作为判定季节到来迟早是否正常的标准，其保证率为 95.3％。

二、北京平原地区的季相和气候特征

1. 春季

春季可进一步划分为初春、仲春和晚春三个季段。

初春到来的准多年平均日期是 2 月 28 日，结束于 4 月 3 日，历时 35 天，正是草木萌动的时候。早在公元前 1 世纪，汉代编辑而成的《礼记》"月令篇"里就指出，早春的物候标志，除了草木萌发之外，还有"东风解冻"。我们划分的初春第一候，恰是多年平均气温开始通过 0℃ 上下的时候，所以，河、湖、池塘的冰面开始化冻，土壤夜冻日消。此时，冬季的余息尚存，飞雪迎春的日子并不难遇到，多年平均约为 3 天。雪后的田野里，正在返青中的麦苗与未化尽的白雪，以及被融水浸润的地面，顺着田垄组成了绿、白、棕褐色的条带状图案。北京常年终雪的日子，正在初春的中期，平均日期为 3 月 18 日。

与冬季相比，初春的相对湿度略有增加，气温也渐高，但仍然具有乍暖还寒的特点，处于休眠状态的乔灌木陆续复苏。常见的树木中，较早萌动的有榆树、旱柳、垂柳和几种杨树。其他大多数乔灌木的芽也开始充水，枝条正在缓慢地转换着颜色。在比较暖的日子里，常常可以见到蜜蜂群飞，大雁也在这个时节掠过长空向北方迁徙。初春相继开花的乔灌木有蜡梅、榆树、迎春、山桃等，到山桃开花的时候，已经是初春的晚期了。

仲春是春季最典型的时段，准多年平均开始日期是 4 月 4 日，结束日期是 4 月 16 日，历时 13 天，时间虽短，但却是一年中繁花似锦的季节，大约有四分之一的乔灌木种类在此时开花。

从多年平均情况看，仲春开始，也正是候均温开始稳定通过 10℃ 的时候，加拿大杨、杏树等先后开花，接踵而开的是金黄的连翘，雪白的玉兰，粉红的榆叶梅，以及紫色的紫丁香等。此外，开花的还有不大引人注目的旱柳和垂柳，它们的花期大致和杏花同步。虽然是春暖花开的时节，但仍有发生霜冻的可能。在初春遇暖已经萌动的核果类果树，此时抗霜冻的能力大大降低，天气复寒，易受伤害。

树木的萌发、展叶，给一些昆虫准备了食物。在仲春，先后孵化活动的常见害虫不少，如松大蚜、松毛虫和天幕毛虫等。

晚春时节，虽然不乏春花继续开放，但随着叶片的逐渐展开，在季相上，已经从"万紫千红"转变为"绿肥红瘦"。准多年平均日期是 4 月 17 日，结束于 5 月 4 日，历时 18 天。

从多年平均来看，晚春到来的那一天所在候的平均气温为 14.7℃，也正是平均断霜的时候(4 月 18 日)。常见的乔灌木中，毛桃、紫荆、海棠、苹果，以及桑树、胡桃等陆续开花，及至紫藤、牡丹开放的时候，已经是春暮了。在动物方面，有蛙鸣、燕舞等，显露出一派生机。然而，这一时期，夏绿乔灌木的光合作用能力尚低，还没有多少光合产物输出。因为树木的叶子通常还没有长到足够的大小。据植物生理学的研究，"一般叶片长到最终大小的三分之一时，才开始有光合产物输出，但此时输入仍然超过输出；当长到最终叶面积的二分之一时，才成为一个净输出者"。

待到杨柳飞絮、榆钱散落的时候，已是春夏之交。

北京的春天，开始于 2 月 28 日，终止于 5 月 4 日，共计两个月有余，其间季节演变的特征是，从初春冬季余息尚存时的草木萌动，经仲春的"万紫千红"，到晚春的"绿肥红瘦"。气候的特点是，气温迅速回升，从本季节第一候的 1.1℃，到最末一候的 17.7℃，平均每候升高 1.3℃；而降水却增加很少，加之风速大，空气显得干燥(图 6-5)。强劲的西北风吹来时，常常会出现扬沙天气。大风可以带走田野的沃土，吹干果树的花蕊，影响传粉和受精，使坐果率降低。然而，春季的前后期也有所不同，早春还有一段相对湿度稍稍增高的时候，遇到终雪较晚的年份，还会呈现白雪繁花相互辉映的景象。就是在风沙较多的仲春和晚春，当风沙停息之后，仍然是春意盎然。

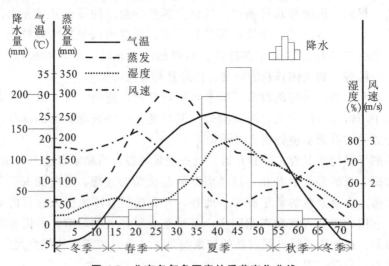

图 6-5　北京各气象要素的季节变化曲线

2. 夏季

夏季开始的准多年平均日期是 5 月 5 日，结束于 9 月 17 日，历时 136 天。此时绿叶封住了树冠，景观季相演变的节奏变得缓慢下来，但仔细地观察可以发现，它从春天的新绿已逐渐变得绿色深沉，表示光合能力随着叶片细胞和叶绿体的发育而逐渐达到最高点。

夏季虽然没有春天那样繁盛的花潮，但几种优良蜜源植物的花却相继开放，首先是刺槐，然后是柿树、枣树和荆条。田野里蜂忙蝶舞，但前者传粉酿蜜，而后者却标志着植物的一些害虫也猖獗起来。危害严重的常见园林害虫有国槐尺蠖、柳毒蛾、杨天社蛾等。它们每年繁殖二至五代不等。在 1979 年和 1980 年，我们都曾观察到国槐尺蠖将整株国槐叶子吃光的景象。

夏季具有丰富的光热资源，整个夏季的总辐射量（观测值）占全年的 48.2%。从 6 月第 4 候开始，直到 8 月第 4 候约计两个月之内，候均温都稳定在 25℃ 以上，这时节正是盛夏，榴花似火，荷花飘香，蚱蝉开始长鸣，杏果实开始变黄。夏季的降雨量在各季中居于首位，但往往由于雨量的反常或降落的失时，以及常以暴雨形式降落而引起干旱或洪涝。

3. 秋季

到了秋季，景观季相变化的节奏又开始变得迅速而明显了，可进一步划分为初秋、仲秋和晚秋三个季段。

初秋正是树木开始挂黄的时节，到来的平均日期为 9 月 18 日，结束于 10 月 3 日，历时 16 天。从平均情况看，这个时期正值北半球大气环流一次大调整刚刚开始不久。各种植物的生长活动日渐微弱。植物叶片内的叶绿素开始解体，而叶黄素和花青素开始显现出来。在常见的树木中，最先变色的有白蜡、黄金树，其次是栾树和加拿大杨等。同时还可以看到一些短日照植物正在相继开花，其中野菊是初秋最常见的开花植物。在初秋时节，梨、苹果等许多水果相继成熟。

仲秋是落叶乔灌木的叶片变色最为集中的时期，与仲春相比，另是一番色彩斑斓的景象。仲秋开始的准多年平均日期是 10 月 4 日，结束于 10 月 20 日，历时 17 天。此时，杂草也开始枯黄，晴朗的夜空微霜始降。点缀着秋色的有殷红的黄栌、橙红的柿树和黄红的元宝槭等。在动物物候方面，如果说初秋已开始不再听到蚱蝉的鸣叫，仲秋则正可见到北雁的南飞。

晚秋到来的准多年平均日期是 10 月 21 日，结束于 11 月 11 日，历时 22 天。此时，冬季风开始盛行于华北、华中地区。北京正是天气初肃，落木萧萧的时节，不少种类的乔灌木已经叶落冠疏，蟋蟀等秋虫也销声匿迹。晚秋开始的时候，日均温已经降到 10℃ 以下。到了晚秋的中、后期，枣树、白蜡、加拿大杨等开始大量落叶，以至落叶殆尽；河、湖、池塘可以见到薄冰，土壤也开始冻结。

秋季天高气爽，是北京景色最宜人的时期，也是整个植物界从生长开始减慢，到完全停止生长，进入休眠的过渡阶段。由于正处于冬、夏季节风的转换时期，各气象要素正在重新组合，表现出明显而急速的变化。初秋第一候的候均温开始低于 20℃，到了晚秋的最末一候，便降至 5.6℃，平均每候下降 1.2℃，大体与春季气温迅速回升的速率相当。北京的秋季在四季中的历时最短，从 9 月 18 日开始到 11 月 11 日结束。总共只有不到两个月的时间。

4. 冬季

冬季可进一步划分为初冬和隆冬两个季段。

初冬到来的准多年平均日期是 11 月 12 日，结束于 12 月 4 日，历时 23 天。这是一个大量落叶的时期。随着呼啸的偏北风，黄叶飞舞，转眼之间，夏绿乔灌木便呈现出枝杈参差的景象。大田里的冬小麦亦从冬前的分蘖转变为停止生长。及至最迟落叶的垂柳叶落尽，河、湖、池塘封冻的时候，隆冬就要来了。

隆冬到来的准多年平均日期是 12 月 5 日，结束于次年 2 月 27 日，历时 85 天。此时，除了常绿的松柏之外，各种落叶树都呈现出一派光秃的冬态。

冬季是四季中气温最低的季节，降水也比较少，平均降雪日不过六七天，其中隆冬的晚期（2 月份）又大约占了一半。冬季风比较大，所以寒冷而干燥。从多年平均看，初冬开始，正是候均温开始低于 5℃ 的时候，当候均温继续降到 0℃ 以下的时候，便是隆冬时节了，大致在每年的元旦前后，候均温更降到 −5℃ 以下。到 1 月下旬，气温又开始了缓慢的波动式回升，处于被迫休眠状态的植物受到刺激，即将萌发，到 2 月底 3 月初的时候，候均温开始高于 0℃。此时，可以发现榆树花芽的膨大，这意味着隆冬已经过去，又一个物候年的早春到来了。

三、北京地区季节的空间差异

一个地区的季节状况主要是由太阳辐射、大气环流和下垫面的特征决定的。一般地说，这三个因素当中，前两个决定着广大范围之内的季节差异。对于范围不大的区域来说，在一定的太阳辐射和大气环流背景上，下垫面就成为区域内部各地季节差异的决定条件。北京市域面积不大，所以，各地季节的差异，主要受制于下垫面中地形因素的影响。下面就一些典型的调查，结合北京地区地形的特点，对这个地区的季节差异予以说明。

与前面所讨论的北京一般平原地区的情况相比，在通州、大兴连线所限定的东南一隅的低洼平原区，春天季节来临稍晚。无论初春、仲春或晚春，大约都延迟 1～3 天。然而夏季，整个平原地区几乎都在 5 月第一候同时到来。此时茫茫沃野被覆盖上一片新绿。在平原靠近山前的部分，又有一带季节较早的地区，特别明显的是西南部房山区山前。这里每年盛夏之初，开镰收割小麦都比一般平原地区提早7～10天。又如，1980年4月30日房山城关一带的泡桐已经花开两成；而海淀区花园村一带在3天以后的5月3日，才见到个别株有花开放。这些山前地区，春季来得早，秋天则来得晚，例如怀柔、昌平、房山等地城关一带，初秋到来比一般平原地区推迟3天左右，大约在9月的第五候到来。如夏天几乎同时到来一样，整个平原地区，在11月的第三候，冬季也一起到来。此时，放眼黄褐色的原野，呈现出一派万木萧疏的景象。

山区的季节与平原地区相比，随着海拔高度的增加，春夏季节到来迟后，而秋冬到来提前。根据北京市规划局1963年在大石河流域综合普查得知，从杏树始花来看，该河源头地区的百花山（1991米）与它出山口处海拔不足百米的坨里相比，物候期相差一个半月，推算海拔每升高100米，约延迟2.4天。再从大石河北侧分水岭以北的清水河流域来看，1980年4月30日，清水河中、下游谷地的山坡，正是梨花绚烂夺目的时候，与西郊平原地区相比，物候期约晚了两候。再高，到灵山山脚的江水河一带（海拔1500米），次生落叶林中的白桦，在"五一"劳动节的时候，不过处在萌动期，与4月21日在西山山麓的北京市植物园已观测到开始展叶相比，物候期更晚了1个月，平均每升高100米，大约推迟2天。

有人调查过清水河流域的霜期，那里在海拔1000米以下，霜期不到200天，海拔上升到1000～2000米，霜期增至250天以上，河谷与山顶，霜期相差3个月。（表6-12）

表6-12　清水河流域各地霜期比较

地点	海拔（米）	初霜日期（月.日）	终霜日期（月.日）	霜期（天）	无霜期（天）
斋堂	414	10.6	3.21	167	198
田寺	664	9.22	3.21	181	184
黄安坨	1100	9.8	4.20	225	140
江水河	1500	9.5	4.30	238	127
百花山	1991*	8.23	5.21	272	93

* 原为2193米。

北京的第一峰——灵山，其峰顶海拔2300余米，是全年无夏的地方。所以，清代康熙年间的宛平县志说"灵山又名矾山"，因为它"经年积雪，望之若矾"。同一时间的怀来县志则说它："五月中雪始融，七月中雪复集，草木只生两阅月。"1980年5月1日，灵山山顶上有残存积雪，融水正浸润着片片山坡；而平原地区，同年3月22日最后一场雪虽然覆盖了大地，但不过一二日旋即化光。

以上是西部和西南部山区季节差异的一些情况。在北部山区,从1980年早春垂柳芽膨大来看,怀柔北部山区喇叭沟门一带较一般平原地区推迟了2候,平均海拔每升高100米,约晚2.8天。怀柔中部山区崎峰茶一带,较一般平原地区晚了将近3候,每升高100米推迟约3.8天。在北京东北部边缘的古北口,将1964年的物候观测与同年北京平原地区相较,初春晚了2候。推算常年,初春到来的时间当在3月第一候。

仲夏时节,从南北狭长,纵贯本市北部山区的怀柔区来看,那里冬小麦的成熟期,在南部山前城关一带,平均日期是6月15日,进山向北到汤河口、长哨营一带,延迟到6月20日,再北到喇叭沟门更延迟到7月5日,随着地势的再度升高,到了孙栅子,麦熟时节已经是7月中旬了。南北高下之间,冬小麦成熟期相差1个月(表6-13)。

表6-13 怀柔区冬小麦成熟期南北高下的差异

地点	冬小麦成熟期(月.日)	海拔高度(米)	与城关的南北距离(千米)
怀柔城关	6.15	50	0
汤河口	6.20	290	46.5
长哨营	6.20	350	55.1
七道河	6.25	400	59.1
喇叭沟门	7.5	460	66.0
孙栅子	7.15	790	70.5

在秋季,以1979年八达岭一带杏树、刺槐等的落叶末期和叶开始落光与平原地区比较,物候期大约提早了5候,平均每升高100米提早3.4天。

冬季,从隆冬初期10厘米土壤冻结日期来看,在海拔500米的延庆一带,较平原地区提早13天,平均每升高100米提前约2.5天。若据此推算,在海拔1000米处,隆冬的到来当在11月20日前后,更高到海拔2000米左右,则提前至10月下旬。

由以上的情况可知,北京地区季节的空间分异,主要受着地形的影响。首先造成了山区和平原的不同;其次在平原内部各地之间差别较小,而山区内部差别则较大,特别明显的是山区地势的影响,然而在地形复杂的山区,仅仅着眼于地势对季节的影响是不够的。因为在高度大体相同的地方,由于山地坡向、坡度、山体大小、溪沟方向,以及是梁头还是坡麓等地形部位的不同,季节往往可以相差几天。以一些溪沟的开口朝向来说,崎峰茶地区的情况是,沟门向南开的阳坡沟比向北开的阴坡沟,春天到来提早1~2候,而东坡沟与西坡沟也可以相差3~5天。在山脉的南北两大边坡之间或同一盆地的南北边缘之间,季节也可以有很大的差异。例如,位于黑坨山—云蒙山大阳坡的枣树林和处于山后大阴坡的后山铺，两地相距不到 7.5 千米，海拔均为 600 米左右，但两地之间杏树开花的日期相差了约 20 天。在八达岭之北的怀来盆地里，盆地北缘靳家堡一带，每年春天山桃盛开的时候，盆地南缘长城脚下的岔道村、西拨子一带山桃才初现花蕾。两地海拔也都在 600 米左右，南北相距约 18 千米，只是由于处在不同的大偏坡之下，所受日照和气流影响不同，物候期相差了 2～3 候。

由于地形的变化，即使在不大的范围里，也可以察觉到物候期的不同。例如在西郊北京植物园的樱桃沟和卧佛寺，前者是一条西北—东南向的小溪沟，称为退谷；后者处于山前扇形地上。二者相距不过 500 多米，高差不过几十米，但两地的物候期，有着 3～5 天的明显差异（表 6-14）。

表 6-14　北京植物园樱桃沟与卧佛寺广场物候状况比较（1979 年）

项目	2 月 21 日			4 月 7 日		
	名称	沟外广场	樱桃沟	名称	沟外广场	樱桃沟
开花成数（%）	迎春	40	10	连翘	90	<10
	榆树	100	20～30	玉兰	10	未开花
生长量（厘米）	西府海棠（芽长）	0.6～0.8	0.4～0.5	西府海棠（叶长）	2.5～3.0	1.0～1.5
	樱桃（芽长）	0.8～1.0	约 0.4	樱桃（叶长）	1.5～2.0	未展叶
项目	4 月 20 日			5 月 12 日		
	名称	沟外广场	樱桃沟	名称	沟外广场	樱桃沟
开花成数（%）	玉兰	60～70	10～20	文冠果	100	90
	榆叶梅	10	<5	泡桐	100	90
生长量（厘米）	樱花（叶长）	4～5	未展叶	元宝槭（果长）	2.8～5.0	1.2～1.5
				木槿（叶长）	约 4.0	约 2.0

综上所述，北京地区季节空间分异的情况是：平原山前地带有一些春早、秋晚的地区；而东南一隅的低洼平原，春来稍晚，整个说来，在平原地区，2 月底 3 月初的时候，春天开始来到人间；在"五一"节前后，初夏方至；9 月中、下旬之际，正是新秋到来之时，11 月上、中旬之交的时候，则开始进入冬季。山区季节的特征是，春夏到来比平原迟后，而秋冬的开始则较平原提前，但其中的情况比较复杂。可以遵循的线索是，随着海拔高度的增加而迟后（春夏）或提前（秋冬），每升高 100 米提前或迟后的幅度（天数）因季节和地

区不同而异，一般变动在 2～4 天。然而，在大致相同的海拔高度上，不同的地貌部位，特别是不同规模山体的阴阳坡之间，季节可以相差几天，以至 3～4 候。

四、物候季节与生长期

一个地方的生长期，以往或是按照无霜期，或是按照一定的温度指标，如日均温大于 5℃或大于 6℃来确定的。这种确定方法，只从植物的一种生境条件着眼，并不能很好地表示植物本身的生长状况，有了在物候观测资料基础上的季节研究后，有可能从植物本身生长发育的情况来重新考察这个问题。

树木的芽膨大，标志着它们生长的开始。树木的落叶，标志着它们停止生长，进入休眠期。如果以 10％的乔灌木种类芽开始膨大的日期，作为一个地区生长期的开始，而以 50％的乔灌木种类开始落叶作为生长期的结束，在北京一般平原地区的生长期就是 235 天，即按物候频率统计法划分的初春开始到仲秋结束。如果以 50％的乔灌木种类达到落叶末期作为生长期结束的指标，生长期就长达 257 天，即从物候频率统计法划分的初春开始到晚秋结束。

在北京平原地区，生长期开始的初春前 10 天，多年平均有 9 天日最低气温都低于 0℃，需要注意防冻。但一进入仲春，一般不再出现低于 0℃的日最低气温。到盛夏时节，有连续 11 候（6 月 21 日～8 月 15 日）的候均温都在25℃以上。然后，气温逐渐下降，但直到晚秋时节，日最低气温＜0℃的机会仍然很小，10 天之内不过 2 天。然而一进入初冬，出现＜0℃的日最低气温的机会就大大增加了，平均每候有 3.8 天。像初春一样，也特别需要注意防冻、防寒。由此看来，按照物候季节确定的生长期，夏天是生长的旺季，冬天是非生长期，春天和秋天分别是生长逐渐开始和相继结束的时节，而且越靠近初春的开始或晚秋的终了，作物受到寒冻的威胁越大，但从仲春开始到仲秋结束，则是很有保证的生长期，北京平原地区计有 200 天。

北京的降水变率较大，在植物最需要水的夏季里，5～8 月，各月降水的相对变率分别为 73％、65％、42％和 56％，呈下降的趋势。但其绝对变率却增大很多，依次分别为 26.3 毫米、45.5 毫米、82.3 毫米和 135.2 毫米，所以在生长期里，始终应该特别注意防旱、抗涝。

从北京地区季节差异的初步考察可以知道，各地季节到来的早晚和延续时间的长短是各不相同的，自然生长期也不一样，应该依据各地生长季节的不同，做到因地制宜。

第七章 物候预报

物候预报大体可以分为两类：一类是依据各种生态条件进行预报，其中各种生态因子，就是预报因子，而物候现象的发生期和发生量，就是预报对象。另一类是在物候现象之间进行预报，而无须借助于各种生态因子，所以为寻找预报工具收集材料时，也无须进行物候与生态因子的平行观测，从而节约了人力和物力。如果说前一类预报，是以生态学原理为依据的话，后一类预报则是以物候学原理为依据。本章主要介绍依据物候学原理进行物候发生期和发生量预报的一些方法。

第一节 物候发生期的预报

在运用各种生态因子进行物候预报的工作中，为寻找一些常数或参数、建立预报模型和进行实际预报，就需要对生态因子与物候现象进行平行观测。而对于许多地方来说，常常不具备这种平行观测的条件，即使条件具备也加大了工作量，于是就提出了能不能以物候现象本身进行物候现象发生期预报的问题。回答是肯定的。因为物候现象的发生具有准年周期性、顺序相关性等规律，基于这些规律，依据物候观测数据，采用数理统计的方法拟定有关的预报方程。

一、平均期距法和加减期距标准差法

在竺可桢、宛敏渭合著的《物候学》中，提出了一个公式，用以进行农作物生育期和植物物候发生期的预测。现将该公式列举如下：

$$\hat{Y} = X_i + (\bar{Y} - \bar{X}) \qquad 7.1$$

$\hat{Y}$：预报对象发生日的预测值；

$\bar{Y}$：预报对象发生日的多年平均值；

X_i：预报出发点发生日的当年观测值；

$\bar{X}$：预报出发点发生日的多年平均值。

这里采用竺可桢在北京城内 24 年的物候观测资料，按照（7.1）式进行了树木花期预报（回报）准确性的历史检验，其结果列于表 7-1。

表 7-1　按 7.1 式预报(回报)结果与观测日期的比较(月·日)*

年份	山桃始花 观测值	杏树始花 观测值	杏树始花 预测值桃↓杏	紫丁香始花 观测值	紫丁香始花 预测值桃↓紫	紫丁香始花 预测值杏↓紫	刺槐花盛 观测值	刺槐花盛 预测值桃↓槐	刺槐花盛 预测值杏↓槐	刺槐花盛 预测值紫↓槐
1950	3.26	4.1	4.1	4.13	4.12	4.12	—	—	—	—
1951	3.28	4.6	4.3	4.15	4.14	4.17	—	—	—	—
1952	4.1	4.4	4.7	4.18	4.18	4.15	5.10	5.12	5.8	5.12
1953	3.24	4.5	3.30	4.15	4.10	4.16	5.9	5.4	5.9	5.9
1954	3.29	4.5	4.4	4.19	4.15	4.16	—	—	—	—
1955	4.6	4.8	4.12	4.20	4.23	4.19	5.6	5.17	5.12	5.14
1956	4.6	4.12	4.12	4.25	4.23	4.23	5.14	5.17	5.16	5.19
1957	4.6	4.13	4.12	4.23	4.23	4.24	5.9	5.17	5.17	5.17
1958	4.2	4.6	4.8	4.21	4.19	4.17	5.12	5.13	5.10	5.15
1959	3.23	3.27	3.29	4.10	4.9	4.7	—	—	—	—
1960	3.24	3.31	3.30	4.9	4.10	4.11	—	—	—	—
1961	3.19	3.26	3.25	4.6	4.5	4.6	5.3	4.29	4.29	4.30
1962	3.28	4.5	4.3	4.17	4.14	4.16	5.7	5.8	5.9	5.11
1963	3.18	3.25	3.24	4.11	4.4	4.5	5.8	4.28	4.28	5.5
1964	4.1	4.10	4.7	4.21	4.18	4.21	—	—	—	—
1965	3.22	3.30	3.28	4.9	4.8	4.10	5.10	5.2	5.3	5.3
1966	3.24	4.6	3.30	4.12	4.12	4.17	5.12	5.4	5.10	5.6
1967	3.26	3.31	4.1	4.12	4.12	4.11	5.8	5.6	5.4	5.6
1968	3.27	4.1	4.2	4.8	4.13	4.12	5.6	5.7	5.5	5.2
1969	4.8	4.12	4.14	4.18	4.25	4.23	5.11	5.19	5.16	5.12
1970	4.3	4.11	4.9	4.17	4.20	4.22	5.10	5.14	5.15	5.11
1971	4.4	4.10	4.10	4.16	4.21	4.21	5.9	5.15	5.14	5.10
1972	3.27	4.3	4.2	4.13	4.13	4.14	5.4	5.7	5.7	5.7
1973	3.24	3.29	3.30	4.4	4.10	4.9	5.3	5.4	5.2	4.28
平均	3.29	4.4	4.4	4.15	4.15	4.15	5.9	5.9	5.9	5.9

　　* 表中桃→杏是指山桃始花预报杏树始花，桃→槐是指山桃始花预报刺槐花盛，余同。

为了判明回报结果与观测日期(真值)的偏离,我们计算了绝对误差(距真),并且按照距真的绝对值≤1天为Ⅰ级,介于2~3天为Ⅱ级,介于4~5天为Ⅲ级,>5天为Ⅳ级的划分标准,进行了预报准确性评级。同时为了更鲜明地从总体上表示这种准确性的程度,又对各准确性的等级计算了百分率,并予以评分。设定Ⅰ级为4分,Ⅱ级为3分,Ⅲ级为2分,Ⅳ级为1分。这样的评分标准考虑了预报结果的优劣,给予不同的权重,所以将同一计算系列的各级评分加在一起时,可以反映整个预报的准确水平。评级与评分的结果列表7-2。

表7-2 按7.1式预测结果的准确性评级的百分率及评分

级别	山桃始花→杏树始花 (6天)*		杏树始花→紫丁香始花 (11天)*		山桃始花→紫丁香始花 (17天)*	
	百分率(%)	评分**	百分率(%)	评分**	百分率(%)	评分**
Ⅰ级	50.0	200.0	41.7	166.8	41.7	166.8
Ⅱ级	37.5	112.5	25.0	75.0	29.2	87.6
Ⅲ级	4.2	8.4	29.2	58.4	16.7	33.4
Ⅳ级	8.3	8.3	4.2	4.2	12.5	12.5
总计	100.0	329.2	100.1	304.4	100.1	300.3

级别	紫丁香始花→刺槐始花 (24天)*		杏树始花→刺槐始花 (34天)*		山桃始花→刺槐始花 (41天)*	
	百分率(%)	评分**	百分率(%)	评分**	百分率(%)	评分**
Ⅰ级	22.2	88.8	16.7	66.8	22.2	88.8
Ⅱ级	33.3	99.9	33.3	99.9	22.2	66.6
Ⅲ级	22.2	44.4	27.8	55.6	16.7	33.4
Ⅳ级	22.2	22.2	22.2	22.2	38.9	38.9
总计	99.9	255.3	100.0	244.5	100.0	227.7

*二物候现象发生期的平均期距, **该级百分率与得分之积。

由表7-2可以看出,随着预报期距的加长,预报结果有越来越差的趋势。例如,以山桃始花预报杏树始花时,二者的多年平均期距为6天,预报结果的总评分为329.2;而以山桃始花预报刺槐花盛时,二者的期距增大到41天,预报结果的总评分降低为227.7。这种趋势也可以从上述6种不同期距预报结果的误差平均值表现出来(表7-3)。计算结果表明,随着进行预报的两种有关物候现象之间期距的增大,其误差平均值也从2.0天,逐渐增加为4.8天(表7-3)。

表 7-3　六种预测结果的误差平均值(天)

预测内容	山桃始花→ 杏树始花	杏树始花→ 紫丁香始花	山桃始花→ 紫丁香始花	紫丁香始花→ 刺槐始花	杏树始花→ 刺槐始花	山桃始花→ 刺槐始花
误差平均值	2.0	2.6	2.6	3.7	3.8	4.8

为什么会出现随着预报期距的加大,预报准确性降低的情况呢?这是因为,运用 7.1 式进行计算,没有考虑到有关期距($\bar{Y} - \bar{X}$)的逐年变化,即某一年两种物候现象的期距天数并不一定等于($\bar{Y} - \bar{X}$),而是有波动的。从反应期距变化程度的期距标准差的数值可以看出,期距越长,它的标准差数值越大(表7-4)。这种情况的成因背景,显然是环境条件,特别是气象条件在一个较长时间里的变动,要比短时间里的变动来得大的缘故。

表 7-4　期距标准差(S)

项目	山桃始花→ 杏树始花	杏树始花→ 紫丁香始花	山桃始花→ 紫丁香始花	紫丁香始花→ 刺槐始花	杏树始花→ 刺槐始花	山桃始花→ 刺槐始花
标准差	2.6	3.2	3.5	4.5	4.8	5.9

分析了上述客观上的成因背景和主观上没有考虑期距逐年变动的情况,使我们有可能研究、拟定另外的预报方程,其出发点是要考虑期距的逐年变动。

通过分析原始记录发现,从早春的山桃始花,经仲春的杏树始花、紫丁香始花到初夏的刺槐花盛,这些现象出现日期的年际波动有逐渐减小的趋势,以标准差表示这种波动的平均状况,是从 6 天减到 3 天(表7-5)。

表 7-5　各物候期观测值的标准差

项目	山桃始花	杏树始花	紫丁香始花	刺槐花盛
标准差	6.0	5.6	5.5	3.1

这种趋势正好与表 7-4 揭示的期距变化趋势相反。它反映了从初春到入夏期间,气象要素,尤其是气温的波动越来越小的气候特点。同时使我们认识到春季前后两种物候现象之间的期距变化,受前期物候现象出现日期早晚的影响比较大。根据这种事实,可以用期距标准差来修订平均期距,将预报方程列为如下的形式:

$$\hat{Y} = X_i + (\bar{Y} - \bar{X}) + S_{期距} \qquad\qquad 7.2$$

$$\hat{Y} = X_i + (\bar{Y} - \bar{X}) - S_{期距} \qquad\qquad 7.3$$

7.2 和 7.3 式中 $S_{期距}$ 是历史上有关物候现象逐年期距的标准差(表 7-4),其余字母的含义与 7.1 式相同。

在预报的年份，当 X_i 的序日小于 $\overline{X} - S_{期距}$ 时，说明该年的发生日期偏早，用 7.2 式计算；当 X_i 的序日大于 $\overline{X} + S_{期距}$ 时，说明该年的发生日期偏晚，用 7.3 式计算；当序日正好落入 $\overline{X} \pm S_{期距}$ 之内时，说明该年的发生日期属于正常，则不再加减 $S_{期距}$，仍用 7.1 式计算。

这里仍然使用表 7-1 的物候资料，按照不同情况，分别应用 7.2 式和 7.3 式与 7.1 式，配合进行物候期的历史性预报检验，其准确性评定如表 7-6。

比较表 7-2 和表 7-6 可以看出，采用单一的平均期距法，按 7.1 式计算的结果，在期距较短时，例如 20 天以下，效果较好；而当季节偏早和偏晚的年份，结合采用加减期距标准差的方法，即按 7.2 式和 7.3 式进行计算，则不仅可以使较短期距的预测效果保持较高的精度，而且在期距较长时，例如 20 天以上，效果也相当好，从而弥补了使用平均期距法的局限性。

表 7-6　按 7.1 式、7.2 式和 7.3 式预测结果的准确性评级的百分率及评分

级别	山桃始花→杏树始花		杏树始花→紫丁香始花		山桃始花→紫丁香始花	
	百分率(%)	评分	百分率(%)	评分	百分率(%)	评分
Ⅰ级	45.8	183.2	37.5	150.0	33.3	133.2
Ⅱ级	41.7	125.1	37.5	112.5	37.5	112.5
Ⅲ级	4.2	8.4	25.0	50.0	20.8	41.6
Ⅳ级	8.3	8.3	0.0	0.0	8.3	8.3
总计	100.0	325.0	100.0	312.5	99.9	295.6
级别	紫丁香始花→刺槐花盛		杏树始花→刺槐花盛		山桃始花→刺槐花盛	
	百分率(%)	评分	百分率(%)	评分	百分率(%)	评分
Ⅰ级	50.0	200.0	33.3	133.2	44.4	177.6
Ⅱ级	27.8	83.4	38.9	116.7	22.2	66.6
Ⅲ级	5.6	11.2	16.7	33.4	22.2	44.4
Ⅳ级	16.7	16.7	11.1	11.1	11.1	11.1
总计	100.1	311.3	100.0	294.4	99.9	299.7

二、回归分析法

回归分析作为一种数学工具，能否用于某一学科解决其具体问题，取决于这一问题的变量之间是否存在着某种直接或间接的联系。一个地方各种物候现象的发生，在时间上，它们是先后相继的。虽然两种不同树木先后发生的物候现象之间一般不具有因果关系，然而各种物候现象的发生，都要求有一定的生态条件，特别是天气气候条件。所以，对于先后发生的两个物候现象甲与乙来说，乙的发生，反映了乙出现之前一个时期内天气状况的积累，其中有一段时间（即甲发生之前），二者都经受着同样的生态环境条件的作用，特别是各种天气状况的作用。气象学的研究表明，"大气的运动变化在时间上是连续的，这一时刻大气运动状态是上一时刻大气运动演变来的。因而这一时刻大气运动状态和其他时刻的大气运动状态是息息相关的。当然两个时刻相距愈近，它们之间的承续性也就愈大；两个时刻相距愈远，它们的承续性也就愈小"。联系到物候现象的发生来看，从甲发生到乙发生，这段时间内的天气状况，对甲的发生虽然已不起什么作用，但它却是从甲发生之前演变而来的，并通过其继承性，影响着乙的发生，很显然，甲乙两个物候现象之间发生日期相距愈近，它们之间天气状况等生态条件的承序性也就愈大，两个物候现象之间发生日期相距愈远，则相反。这是从外界生态环境演变的承序性来看先后发生的两个物候现象之间的联系。再考虑到植物种本身的特征，植物生理生态的研究表明，"如果一个种在一定地区繁衍并扩展它的范围，它必须能够调整其生活周期使之和它的环境中的周期现象取得协调"。

基于上述的气象与植物生理、生态的原因，一些植物物候现象的发生，具有顺序相关性的规律。这就是在植物物候期之间进行回归分析的依据。

在所讨论的问题中，进行分析的变量就是植物物候现象的出现日期，其中据以推算的前一物候现象发生日期为自变量（X），要推算的后一物候现象发生日期为因变量（$\hat{Y}$）。在它们之间建立回归方程是否有意义，可以通过变量间的相关分析结果予以判断。在这里我们仍然以竺可桢在北京城内 24 年（1950～1973 年）的物候观测记录作为样本，表 7-7 即是对山桃始花与杏树始花（简记为桃→杏，下同），杏树始花与紫丁香始花（杏→紫），山桃始花与紫丁香始花（桃→紫），紫丁香始花与刺槐花盛（紫→槐），以及杏树始花与刺槐花盛（杏→槐）等五对变量所做的相关系数计算的结果。在计算时，将通常的月、日换算成从元旦起的顺序日期（序日，下同）。

表 7-7　相关系数表

相关变量	山桃始花→杏树始花	杏树始花→紫丁香始花	山桃始花→紫丁香始花	紫丁香始花→刺槐花盛	杏树始花→刺槐花盛	山桃始花→刺槐花盛
相关系数（r）	0.9053	0.8376	0.8224	0.6627	0.5890	0.4676
（$r_a \alpha = 0.01$）	0.5168	0.5168	0.5168	0.5897	0.5425*	0.4683**
样本数（n）	24	24	24	18	18	18

* $r_{0.02} = 0.5425$，** $r_{0.05} = 0.4683$。

表 7-7 所列的六对物候现象之间的相关系数表明，其中五对物候现象之间

的相关系数均通过了 $\alpha=0.02$ 的显著性检验，即相关置信概率至少都达到 98% 以上，而且大都达到 99% 以上，而山桃始花与刺槐花盛未通过 $\alpha=0.05$ 的显著性检验。因此，可以运用最小二乘法，在通过显著性检验的这几对变量之间建立直线回归方程，其结果如下：

$$\hat{Y}_{杏树}=0.847X_{山桃}+20.054 \qquad 7.4$$

$$\hat{Y}_{紫丁香}=0.8237X_{杏树}+27.143 \qquad 7.5$$

$$\hat{Y}_{紫丁香}=0.7567X_{山桃}+38.483 \qquad 7.6$$

$$\hat{Y}_{刺槐}=0.3542X_{紫丁香}+91.439 \qquad 7.7$$

$$\hat{Y}_{刺槐}=0.3148X_{杏树}+98.776 \qquad 7.8$$

为了判断各方程式推算的精确度，给出它们的剩余标准差(S)，其计算公式如下：

$$S=\sqrt{\frac{Q}{n-2}} \qquad 7.9$$

其中 $Q=\sum(Y-\hat{Y})^2$，n 为样本数，根据上式计算的剩余标准差(S)列如表 7-8。

表 7-8 直线回归的剩余标准差

推算内容	山桃始花→杏树始花	杏树始花→紫丁香始花	山桃始花→紫丁香始花	紫丁香始花→刺槐花盛	杏树始花→刺槐花盛
S	2.5	3.1	3.2	2.4	2.6

表 7-8 剩余标准差的数值表示，用直线回归方程对有关物候现象发生日期进行推算时，在 68% 概率的保证条件下，从数理统计上，允许有 2.4～3.2 天的误差。用 7.4～7.8 式对 1950～1973 年的数据进行回报，计算结果的历史拟合率都超过 68% 的水平，表明拟合情况是良好的(表 7-9)。

表 7-9 用 7.4～7.8 式回报的拟合情况评定

年份	山桃始花序日	杏树始花		
		观测值	$\hat{Y}_{杏树}=0.847X_{山桃}+20.054$	
			推算值	评定
1950	85	91	89.5～94.5	√
1951	87	96	91.2～96.2	√
1952	92	95	95.5～100.5	×
1953	83	95	87.9～92.9	×

年份	山桃始花序日	杏树始花		
		观测值	$\hat{Y}_{杏树}=0.847X_{山桃}+20.054$	
			推算值	评定
1954	88	95	92.1～97.1	√
1955	96	98	98.9～103.9	×
1956	97	103	99.7～104.7	√
1957	96	103	98.9～103.9	√
1958	92	96	95.5～100.5	√
1959	82	86	87.0～92.0	×
1960	84	91	88.7～93.7	√
1961	78	85	83.6～88.6	√
1962	87	95	91.2～96.2	√
1963	77	84	82.8～87.8	√
1964	92	101	95.5～100.5	√
1965	81	89	86.2～91.2	√
1966	83	96	87.9～92.9	×
1967	85	90	89.5～94.5	√
1968	87	92	91.2～96.2	√
1969	98	102	100.6～105.6	√
1970	93	101	96.3～101.3	√
1971	94	100	97.2～102.2	√
1972	87	94	91.2～96.2	√
1973	83	88	87.9～92.9	√
拟合率		79.2%		

年份	紫丁香始花				
	观测值	$\hat{Y}_{紫丁香}=0.8237X_{杏树}+27.143$		$\hat{Y}_{紫丁香}=0.7567X_{山桃}+38.483$	
		推算值	评定	推算值	评定
1950	103	99.0～105.2	√	99.6～106.0	√
1951	105	103.1～109.3	√	101.1～107.5	√
1952	109	102.3～108.5	√	104.9～111.3	√
1953	105	102.3～108.5	√	98.1～104.5	√
1954	109	102.3～108.5	√	101.9～108.3	×
1955	110	104.8～111.0	√	107.9～114.3	√
1956	116	108.9～115.1	×	108.7～115.1	×

续表

年份	观测值	紫丁香始花				
		$\hat{Y}_{紫丁香}=0.8237X_{杏树}+27.143$		$\hat{Y}_{紫丁香}=0.7567X_{山桃}+38.483$	
		推算值	评定	推算值	评定
1957	113	108.9～115.1	√	107.9～114.3	√
1958	111	103.1～109.3	×	104.9～111.3	√
1959	100	94.9～101.1	√	97.3～103.7	√
1960	100	99.0～105.2	√	98.8～105.2	√
1961	96	94.1～100.3	√	94.3～100.7	√
1962	107	102.3～108.5	√	101.1～107.5	√
1963	101	93.2～99.4	×	93.5～99.9	×
1964	112	107.2～113.4	√	104.9～111.3	×
1965	99	97.4～103.6	√	96.6～103.0	√
1966	102	103.1～109.3	×	98.1～104.5	√
1967	102	98.2～104.4	√	99.6～106.0	√
1968	99	99.8～106.0	×	101.1～107.5	×
1969	108	108.1～114.3	√	109.4～115.8	×
1970	107	107.2～113.4	√	105.7～112.1	√
1971	106	106.4～112.6	√	106.4～112.8	√
1972	104	101.5～107.7	√	101.1～107.5	√
1973	94	96.5～102.7	×	98.1～104.5	×
拟合率		75.0%		70.8%	

年份	观测值	刺槐花盛				
		$\hat{Y}_{刺槐}=0.3542X_{紫丁香}+91.439$		$\hat{Y}_{刺槐}=0.3148X_{杏树}+98.776$	
		推算值	评定	推算值	评定
1952	131	127.6～132.4	√	126.1～131.3	√
1953	129	126.2～131.0	√	126.1～131.3	√
1955	126	128.0～132.8	×	127.0～132.2	×
1956	135	130.1～134.9	√	128.6～133.8	×
1957	129	129.1～133.9	√	128.6～133.8	√
1958	132	128.4～133.2	√	126.4～131.6	√
1961	123	123.0～127.8	√	122.9～128.1	√

续表

年份	观测值	刺槐花盛				
		$\hat{Y}_{刺槐}=0.3542X_{紫丁香}+91.439$		$\hat{Y}_{刺槐}=0.3148X_{杏树}+98.776$		
		推算值	评定	推算值	评定	
1962	127	126.9~131.7	√	126.1~131.3	√	
1963	128	124.8~129.6	√	122.6~127.8	√	
1965	130	124.1~128.9	×	124.2~129.4	×	
1966	132	125.2~130.0	×	126.4~131.6	√	
1967	128	125.2~130.0	√	124.5~129.7	√	
1968	127	124.1~128.9	√	125.1~130.3	√	
1969	131	127.3~132.1	√	128.3~133.5	√	
1970	130	126.9~131.7	√	128.0~133.2	√	
1971	129	126.6~131.4	√	127.7~132.9	√	
1972	125	125.9~130.7	×	125.8~131.0	×	
1973	123	122.3~127.1	√	123.9~129.1	×	
拟合率		77.8%		72.2%		

对建立上述回归方程的资料，以逐步减少变量对的方法，分别用 20 年、16 年、12 年、8 年和 4 年的资料作为样本，求得桃→杏、杏→紫和桃→紫的相关系数和回归方程。又分别用 15 年、12 年、9 年和 6 年的资料作为样本，求得杏→紫、紫→槐的相关系数和回归方程。此外，还随机抽取 5 年的资料作为样本，求得了相关系数，建立了回归方程。表 7-10 是依据不同样本数建立的回归方程数，及其通过相关检验的情况。

表 7-10 不同样本数相关、回归分析结果统计

样本数	回归方程数	$r \geqslant r_{0.05}$ 的百分率	$r \geqslant r_{0.01}$ 的百分率
≥15 年	13	100.0	84.6
8~12 年	10	70.0	50.0
4~6 年	12	25.0	8.3

表 7-10 的数据表明，在树木物候期之间进行相关、回归分析，有 10 年左右的资料即可建立大体适用的回归方程，如果用 15 年的资料，其把握就更大了。然而必须说明，这是就本文所讨论的这个时段而言的。因为，物候现象出现的日期具有长周期波动的特点，所以基于某些年份拟定的预报方程，对

其以后的年份进行预报时，其准确性必然会受到一定的影响。表 7-11 是依据 7.4～7.8 式的回报及 1974～1988 年北京颐和园观测数据进行测报的评级百分率及评分，表中不同年代评分上的差距，显然是由于既往的统计关系与预报时期的实际情况存在着差异造成的。

表 7-11　利用 7.4～7.8 式回报与预测(1974～1988 年)的准确性评级百分率及评分

回报	山桃→杏树		杏树→紫丁香		山桃→紫丁香		紫丁香→刺槐		杏树→刺槐	
级别	百分率(%)	评分	百分率(%)	评分	百分率(%)	评分	百分率(%)	评分	百分率(%)	评分
Ⅰ级	45.8	183.3	33.3	133.3	25.0	100.0	50.0	200.0	33.3	133.3
Ⅱ级	41.7	125.0	29.2	87.5	37.5	112.5	38.9	116.7	55.6	166.7
Ⅲ级	8.3	16.7	33.3	66.7	33.3	66.7	11.1	22.2	11.1	22.2
Ⅳ级	4.2	4.2	4.2	4.2	4.2	4.2	0.0	0.0	0.0	0.0
总计	100.0	329.2	100.0	291.7	100.0	283.3	100.0	338.9	100.0	322.2
预报	山桃→杏树		杏树→紫丁香		山桃→紫丁香		紫丁香→刺槐		杏树→刺槐	
级别	百分率(%)	评分	百分率(%)	评分	百分率(%)	评分	百分率(%)	评分	百分率(%)	评分
Ⅰ级	40.0	160.0	26.7	106.7	20.0	80.0	26.7	106.7	26.7	106.7
Ⅱ级	33.3	100.0	40.0	120.0	60.0	180.0	26.7	80.0	20.0	60.0
Ⅲ级	13.3	26.7	26.7	53.3	20.0	40.0	33.3	66.7	26.7	53.3
Ⅳ级	13.3	13.3	6.7	6.7	0.0	0.0	13.3	13.3	26.7	26.7
总计	99.9	300.0	100.1	286.7	100.0	300.0	100.0	266.7	100.1	246.7

因此，根据有限年份的样本资料建立的预报方程，需要随着观测资料的逐年积累，不断充实数据，改进方程，以便其能够更准确地预报未来年份的物候状况。

三、芽形态测量统计预报法

在整个树木的年生活周期中，某一时间(此处时间单位为"天")树木花芽生长发育的状况，必然反映了此前光、热、水、土、气等诸生态因子对它作用的积累性综合，而春季花芽萌动之后，花芽在某一时间生长发育的状况，也必然影响到此后花期的早晚。依据植物自身的生长发育规律，通过测量预报对象本身花芽生长的状况，可以预报其花期。这种方法简便易行，有利于在林果业以及园林游赏需求中推广。下面以大山樱花期预报为例说明这一方法。

在北京玉渊潭公园樱花园内，选择长势较好的几株大山樱进行定株定人的观测。测量方法采用目视投影法，即在选定植株上，将随机选择的花芽贴置在坐标纸上，观测其最大宽度（短轴），最大长度（长轴），以毫米为单位，估测到小数点后一位。

在实际观测中发现，芽长轴基部的起始点不好确定，容易发生观测误差，从而造成观测数据波动较大；而芽的短轴，则易于判定，读取数据较为准确。因此，以观测芽短轴的数据来建模，长轴的观测仅作为研究的参照。

在早春观测到大山樱花芽开始膨大之日开始进行观测。1998～2000年之间，观测植株分别为6株、5株和5株。每次在观测植株的南侧向阳枝条上随机测量10枚发育正常的花芽长、短轴，并及时填写在观测记录表中。测量一直延续到芽开放、花蕾将分离的那一天为止。最重要的是，必须准确记录观测植株的始花日期，否则，前期花芽测量数据将失去建模的可能。

每次观测后分别计算每株10枚花芽长、短轴的均值，取小数点后两位，一起填入记录表中。待全部观测结束后，计算每次观测日期与始花日期之间相距的天数，这样每一距始花日期的天数即对应着一株观测对象10枚花芽长、短轴的平均值。

将1998～2000年各株芽短轴的数据，按照距始花日期天数的多少进行排序，然后对距始花日期天数相同的各株观测数据进行平均，这样做的目的是为了减小由于观测和株间以及年度间自然和人为原因产生的随机性误差和波动，从而得到更具代表性的短轴大小和距始花天数相对应的数据。为了反映芽连续生长的情况，对短轴的数据进行3日滑动平均处理，可以更好地反映其生长的趋势性变化，于是便形成了距始花天数(Y_i)与相应于这一天的芽短轴3日滑动平均值(X_i)的变量对，这个变量对即是进行统计分析研究的样本（表7-12）。

表7-12　滑动平均处理后的花芽短轴(X_i)与距始花天数(Y_i)

Y_i（天）	28	27	26	25	24	23	22	21	20	19	18	17	16
X_i（毫米）	3.39	3.34	3.21	3.21	3.36	3.41	3.28	3.18	3.26	3.48	3.61	3.66	3.62
Y_i（天）	15	14	13	12	11	10	9	8	7	6	5	4	
X_i（毫米）	3.72	3.71	3.83	3.97	3.98	4.20	4.03	4.34	4.29	4.72	4.88	5.03	

依据表7-12花芽短轴和距始花天数组成的变量对数据绘制散点图（图7-1），可以发现X_i与Y_i之间具有良好的相关趋势，于是进一步对它们进行相关、回归分析，并建立预报模型。不论是线性模型，还是指数曲线模型，其相关系数均通过了$\alpha=0.001$的显著性检验($n=25$)，这说明预报模型的建立具有统计学意义。因此，可以将这两个回归方程作为大山樱始花日期的测报工具。

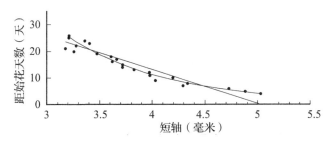

图 7-1 大山樱花芽短轴与距始花天数散点及其拟合直线与指数曲线图

$$\hat{Y}_i = -12.631X_i + 63.843 \qquad 7.10(r = -0.9221)$$

$$\hat{Y}_i = 646.71e^{-1.0106X_i} \qquad 7.11(r = -0.9767)$$

　　负相关系数表示随着距始花日期的临近，花芽越长越大，即在数值变化上，前者(Y_i)变小的同时，后者(X_i)增大(图 7-1)。

　　由两种预报模型的对比可知，指数模型的相关系数较大。这反映出春季大山樱花芽的生长有一个相对加速的生长期，同时也反映了这一时期北京地区气温回升的特点。因此，指数模型较直线模型能够更好地反映这一生理过程。

　　为了检验测报模型并考察以不同株数采集数据作为预报因子的预报效果，我们在 2002 年，分别以一株、两株和三株的芽短轴观测数据的 3 日滑动平均值，作为预报因子(X_i)代入上述两种模型，进行始花日期的试报效果检验。

表 7-13　不同株数采集预报因子的试报效果检验

级别	7.10 式一株		7.10 式两株		7.10 式三株	
	百分率(%)	评分	百分率(%)	评分	百分率(%)	评分
Ⅰ级	18.8	75.3	33.3	133.3	62.5	250.0
Ⅱ级	30.6	91.8	45.2	135.6	25.0	75.0
Ⅲ级	27.1	54.1	11.9	23.8	6.3	12.6
Ⅳ级	23.5	23.5	9.5	9.5	6.3	6.3
总计	100.0	244.7	99.9	302.2	100.1	343.9
满分率(%)	64.2		75.6		85.9	
平均误差(天)	3.9		2.5		1.8	
检验次数(次)	85		42		16	

续表

级别	7.11式一株		7.11式两株		7.11式三株	
	百分率(%)	评分	百分率(%)	评分	百分率(%)	评分
Ⅰ级	22.4	89.4	35.7	142.8	43.8	175.0
Ⅱ级	37.6	112.9	57.1	171.4	43.8	131.3
Ⅲ级	27.1	54.1	7.1	14.3	12.5	25.0
Ⅳ级	12.9	12.9	0.0	0.0	0.0	0.0
总计	100.0	269.3	99.9	328.5	100.1	331.3
满分率(%)	67.3		80.1		82.8	
平均误差(天)	3.0		1.9		1.8	
检验次数(次)	85		42		16	

由表 7-13 的试报检验结果可知,试报的满分率均在 60% 以上,平均误差在 4 天以内,总体效果良好。但利用一株、两株或三株采集的数据作为预报因子进行预报的效果有较大的差异。首先,从满分率来看,两株和三株的预报满分率都在 75% 以上,以至有的超过 85%;而一株预报的满分率都在 70% 以下。其次,从误差的等级分布来看,两株和三株的预报结果达Ⅰ、Ⅱ级水平的百分率之和都在 78.5% 以上,Ⅳ级的预报结果在 10% 以下;而一株预报结果达Ⅰ、Ⅱ级水平的百分率在 60% 以下,Ⅳ级的预报结果可达 12.9%~23.5%。最后,从平均误差来看,三株预报的平均误差值在 2 天以内,而一株的平均误差为 3~4 天,两株的平均误差居中为 2~3 天。可见,作为预报因子,参与采集的株数越多,其预报效果越好。但参与预报的株数越多,观测工作量越大,从试报检验的结果来看,选择 2~3 株就可以达到较高的预报精度。在预报实践中,两种预报模型可以同时使用,测报结果相互参照,以提高预报水平。

下面我们再以 2003 年为例,叙述一下采用芽形态测量法预报大山樱花期的过程。2003 年春大山樱花芽膨大后,于 3 月 14 日开始对长势良好的 3 株大山樱,每天在每株的南侧随机测量 10 枚花芽,得到共计 30 个花芽短轴数据,其平均值如表 7-14。从第三天起,计算 3 日滑动平均值。所谓 3 日滑动平均,就是将连续观测 3 天的数据进行平均,然后逐日向后推移,如 3 月 14~16 日为 3.99 毫米,将计算结果记在 3 月 15 日,依此类推得到 3 月 16~28 日芽短轴的滑动平均值(X_i),用此滑动平均值逐日代入 7.10 式、7.11 式,分别得到当日距始花日的理论天数。例如将 3 月 15 日的滑动平均值 3.99 毫米代入,经换算分别得到预报日期为 3 月 29 日和 27 日。该年实际始花日为 4 月 2 日,误差分别为 4 天和 6 天。用同样的方法,计算得到 3 月 16~28 日的预测结果如表 7-14 所示。

表 7-14 北京玉渊潭公园 2003 年大山樱花芽观测及其花期预报记录表

日期(月．日)		3.14	3.15	3.16	3.17	3.18	3.19	3.20	3.21
短轴(毫米)		4.05	3.97	3.96	4.07	4.22	4.03	4.07	4.18
3 日滑动平均(毫米)			3.99	4.00	4.08	4.11	4.11	4.09	4.14
实测始花日期(月．日)		4.2	4.2	4.2	4.2	4.2	4.2	4.2	4.2
(7.10)式	预报结果(月．日)		3.29	3.30	3.30	3.30	3.31	4.2	4.2
	误差(天)		4	3	3	3	2	0	0
(7.11)式	预报结果(月．日)		3.27	3.28	3.28	3.29	3.30	3.31	3.31
	误差(天)		6	5	5	4	3	2	2
日期(月．日)		3.22	3.23	3.24	3.25	3.26	3.27	3.28	3.29
短轴(毫米)		4.16	4.12	4.51	4.31	4.65	4.49	4.77	5.73
3 日滑动平均(毫米)		4.15	4.26	4.31	4.49	4.48	4.63	5.00	
实测始花日期(月．日)		4.2	4.2	4.2	4.2	4.2	4.2	4.2	
(7.10)式	预报结果(月．日)	4.4	4.2	4.3	4.2	4.3	4.2	3.29	
	误差(天)	−2	0	−1	0	−1	0	4	
(7.11)式	预报结果(月．日)	4.1	4.1	4.2	4.2	4.2	4.2	4.2	
	误差(天)	1	1	0	0	0	0	0	

　　芽形态测量统计预报法直接在树体上进行花芽长、短轴的测量，方法简便易行。与前述预报方法相比较，本方法具有建模周期短的特点，这样可以大大地减小研究开发的周期。依据花芽春季萌动后连续生长不断增大的特点，可以逐日观测，连续发布预报。根据我们对蜡梅、山桃、梅花、玉兰等花木的初步研究，只要有一年比较系统的观测，即可在统计上通过相关检验，这就是说可以据此建立数学模型，投入试用，进行花期预报。此后在逐年的测报实践中，可对初建模型进行修订完善。

　　本方法对于越冬芽较大的各种乔灌木，无论是花木、果木，还是林木做花期预报，都有可能适用。推而广之，对于需要预先知道其展叶期，以服务于养蚕、采茶或者观叶的树木来说，这一方法也可用于对其展叶期测报的研究和生产实践。

四、芽重统计预报法

　　在日本，有学者对樱花的芽重和开花的关系进行研究，得到了可以用于花期预报的幂指数方程式：

$$\hat{Y} = 9.84X^{-1.220} \qquad\qquad 7.12$$

式中 $\hat{Y}$ 是观测日期到始花之间的天数，X 是 10 个芽的重量，以克为单位。依据这个方程，只要测定 X 值，就可以预测始花日期了。

第二节 物候发生量的预报

对物候发生量的预报，以研究动物的种群数量变化较多。它的基本思想是：某一代动物的种群数量在年内或年际的变化，是与其父代的数量变化密切相关的。因此，可以通过回归分析的方法进行预报。

以对我国南方棉区危害严重的红铃虫来说，有人利用其第一代百株"虫花"累计，预报第二代百株累计卵量。根据 1971～1977 年红铃虫百株累计卵量与第一代百株累计"虫花"数的相关分析，相关系数 $r = 0.9141$，通过了 $\alpha = 0.01$ 的显著性检验，回归方程为：

$$\hat{Y} = 1.532X + 12.625 \qquad\qquad 7.13$$

将当年观测的红铃虫第一代累计"虫花"数代入公式的 X，即可预测出第二代百株累计卵量 $\hat{Y}$ 的值。

用 7.13 式预报 1978 年红铃虫第二代百株累计卵量。该年第一代百株累计"虫花"数为 71 朵，代入 7.13 式得：

$$\hat{Y} = 1.532 \times 71 + 12.625 = 121.397(粒)$$

与实际发生量 132 粒基本相符。

西北高原生物研究所对新疆北疆地区田野的小家鼠数量变动趋势的研究表明，春季基数和秋季高峰期数量存在着某种统计关系。开春基数高的年份，秋季高峰期数量也偏多；开春基数低的年份，秋季高峰期数量通常也较少。按照表 7-15 所列的 11 年观测资料，计算二者相关系数为 $r = 0.8056$，通过 $\alpha = 0.01$ 的显著性检验，呈现出极为显著的正相关关系。据此，以开春基数（4月）为 X，秋季高峰期数量（10 月）为 Y，求得其直线回归方程式为：

$$\hat{Y} = 4.80X + 11.88 \qquad\qquad 7.14$$

1983 年 4 月平均铗日捕获率为 0.68%，用 7.14 式进行同年高峰期数量预报，得：

$$\hat{Y} = 4.80 \times 0.68 + 11.88 = 15.144$$

与该年 10 月实际平均铗日捕获率 15.84% 非常接近，预测可靠。以此，便可以根据春季调查结果大体估计当年秋末种群可能发生的数量。

表 7-15　小家鼠种群开春基数与秋季高峰期数量比较

年份	4 月数量（平均铗日捕获率,%）	10 月数量（平均铗日捕获率,%）
1972 年	4.06	30.32
1973 年	0.45	6.98
1974 年	3.48	29.80
1975 年	0.19	12.04
1976 年	0.16	20.93
1977 年	0.31	14.06
1978 年	1.40	13.96
1979 年	0.21	16.23
1980 年	2.28	29.27
1981 年	1.35	17.96
1982 年	1.08	10.94

第三节　物候测报的区域模式——以新疆地区为例

花开花落、叶绿叶黄的物候变化，是人们很熟悉的。它们的发生在年际之间有着明显的波动，不仅反映着当时的天气状况，而且也综合地反映了过去一个时期内天气等水热状况对它的积累性影响，具有很强的地方特点。因此，有必要进行各地物候测报模式的研究。

利用新疆地区 32 个观测站树木物候的资料，通过相关、回归分析的统计研究，得到了一组当地春夏期间进行物候测报的数学模式，利用这些模式，可以根据当年发生在前的物候现象来推算其后的一些物候现象发生的时间，从而预知当地自然生态环境的季节性动态，服务于当地农林果业生产时宜的掌握，以至人们游赏活动的安排。此外，这种数学模式，还定量地揭示了物候现象发生的顺序相关性规律在当地季节节奏上的具体表现。

一、模式建立的依据和样本的构成

在物候以及类似的统计研究中，历来强调运用多年的观测资料。然而，这种多年的观测资料并不是在许多地方都具有的。这里可能利用的资料，就单站来讲，最多只有 4 年的记录，少的才只有 1 年，有利的条件是测站较多。这就是说，能不能利用这种观测年份少而测站多的资料，构成一个合理的样本，进行统计研究呢？回答应该是肯定的。这是因为基于利用一个地点多年观测资料研究成功的事实和自然地理学上空间分异的规律，可以把这些观测站分布的区域，视为一个理想地点，在这个理想地点所概括的区域内，那些物候现象发生较早的观测站的资料，相当于这个理想地点物候现象发生较早的年份的记录，而那些在区域内物候现象发生较晚的观测站的资料，则相当于这个理想地点物候现象发生较晚年份的记录。于是，就等于有了一份对应于这个理想地点的多年的观测资料，为了区别于单一观测站多年记录构成的样本序列，称对应于一个区域的理想地点的样本为时空序列样本。这样，就可以运用单一测站资料的研究方法，把已经证明的物候现象发生的顺序相关性规律，推广应用于指导区域性物候测报模式的研究。

具体地说，本例的时空序列样本是由新疆地区北起阿勒泰，南到于田，东起哈密，西至喀什，共计 32 个观测站的榆树、杏树、沙枣的始花，桑树的展叶始，以及榆树和桑树的果实成熟等 6 种物候现象发生期的记录构成的，并将原始记录日期转化为从 1 月 1 日计起的序日，以便于进行运算。

榆树、杏树、桑树和沙枣都是新疆地区分布很广的树木，选择它们的一些物候期进行研究，具有广泛的空间代表性。此外，榆树是常见树木中开花最早的，以榆始花期作为预报因子，有利于尽早地做出预报。杏是新疆地区的重要果品。在养蜂业上，杏树和沙枣都是很好的蜜源植物。此外，杏树始花和沙枣始花还大体是当地日均温稳定通过 10℃ 和 20℃ 的物候标志。桑树展叶的预报，有助于掌握桑蚕催青的时机。榆树的果实（榆钱儿）成熟飘落，通常是春末夏初的物候标志。至于桑葚，则是新疆地区一年中最先成熟的水果。总之，选择上述的一些物候现象进行物候测报模式的研究，具有明显的区域特点和重要的实际意义。在理论上，遵循建立理想地点的时空序列样本这一工作假设研究的成功，将拓展和深化对于物候现象发生的顺序相关性规律的认识。

二、测报模式的建立及其检验

测报模式的建立需要通过相关、回归分析予以研究。在前述 6 种物候现象发生期之间，总共可以构成 15 个变量对，即榆树始花分别与杏树始花、桑树展叶始、榆果熟、沙枣始花和桑果熟等物候现象发生期组成 5 对；杏始花分别与桑展叶始、榆果熟、沙枣始花和桑果熟等组成 4 对；桑展叶始分别与榆果熟、沙枣始花和桑果熟等组成 3 对；榆果熟分别与沙枣始花和桑果熟等组成 2 对；以及沙枣始花与桑果熟组成 1 对；共计 15 个变量对。这些变量对有无建立测报模式的意义，通过计算它们的相关系数（r），可以得到一种数学的判明，计算的结果列入表 7-16。

表 7-16　变量对的相关系数与回归方程

编号	预报因子	预报对象	平均期距(天)	相关系数	回归方程	样本数
1	榆树始花	杏树始花	12	0.8069	$\hat{Y}=0.74X+33.63$	33
2	榆树始花	桑树展叶始	24	0.7351	$\hat{Y}=0.70X+49.42$	31
3	榆树始花	榆树果熟	34	0.7440	$\hat{Y}=0.73X+57.49$	53
4	榆树始花	沙枣始花	50	0.7734	$\hat{Y}=0.89X+59.49$	46
5	榆树始花	桑树果熟	60	0.6480	$\hat{Y}=0.70X+84.92$	29
6	杏树始花	桑树展叶始	14	0.8113	$\hat{Y}=0.83X+29.16$	45
7	杏树始花	榆树果熟	23	0.8149	$\hat{Y}=0.92X+30.20$	35
8	杏树始花	沙枣始花	38	0.8359	$\hat{Y}=0.86X+50.37$	53
9	杏树始花	桑树果熟	52	0.5922	$\hat{Y}=0.67X+81.40$	44
10	桑树展叶始	榆树果熟	9	0.8857	$\hat{Y}=0.82X+28.68$	31
11	桑树展叶始	沙枣始花	24	0.8581	$\hat{Y}=0.87X+36.91$	48
12	桑树展叶始	桑树果熟	37	0.6836	$\hat{Y}=0.74X+65.15$	47
13	榆树果熟	沙枣始花	15	0.9496	$\hat{Y}=1.04X+9.61$	50
14	榆树果熟	桑树果熟	27	0.7877	$\hat{Y}=0.92X+36.01$	32
15	沙枣始花	桑树果熟	14	0.8085	$\hat{Y}=0.85X+33.21$	46

　　表 7-16 给出的相关系数表明，15 对变量都通过了 $\alpha=0.01$ 的显著性检验。这就是说，继续对它们进行回归分析，不仅有前面指明的物候学和地理学上的依据，而且在数理统计上也是有根据的。所以，表 7-16 同时给出了回归分析的结果，共计得到了 15 个作为物候测报区域模式的回归方程。

　　为了考察所得回归测报模式应用的可能程度，我们进行了回报检验，并进行了准确性评价，表 7-17～表 7-19 是各模式回报准确性评定的结果。

表 7-17　杏始花、桑展叶始、榆果熟的测报模式准确性评定的各级百分率及其得分

评级	模式 1		模式 2		模式 6	
	百分率(%)	评分	百分率(%)	评分	百分率(%)	评分
Ⅰ级	21.2	84.8	35.5	142.0	28.9	115.6
Ⅱ级	39.4	118.2	25.8	77.4	24.4	73.2
Ⅲ级	15.2	30.4	12.9	25.8	24.4	48.8

续表

评级	模式1		模式2		模式6	
	百分率(%)	评分	百分率(%)	评分	百分率(%)	评分
Ⅳ级	24.2	24.2	25.8	25.8	22.2	22.2
总计	100.0	257.6	100.0	271.0	99.9	259.8

评级	模式3		模式7		模式10	
	百分率(%)	评分	百分率(%)	评分	百分率(%)	评分
Ⅰ级	15.1	60.4	20.0	80.0	29.0	116.0
Ⅱ级	24.5	73.5	34.3	72.9	29.0	87.0
Ⅲ级	22.6	45.2	11.4	22.8	22.6	45.2
Ⅳ级	37.7	37.7	34.3	34.3	19.4	19.4
总计	99.9	216.8	100.0	210.0	100.0	267.6

表7-18 沙枣始花测报模式准确性评定的各级百分率及其得分

评级	模式4		模式8		模式11		模式13	
	百分率(%)	评分	百分率(%)	评分	百分率(%)	评分	百分率(%)	评分
Ⅰ级	17.4	69.6	28.3	113.2	16.7	66.8	26.0	104.0
Ⅱ级	13.0	39.0	34.0	102.0	27.1	81.3	32.0	96.0
Ⅲ级	15.2	30.4	13.2	26.4	35.4	70.8	12.0	24.0
Ⅳ级	54.3	54.3	24.5	24.5	20.8	20.8	30.0	30.0
总计	99.9	193.3	100.0	266.1	100.0	239.7	100.0	254.0

表7-19 桑果熟测报模式准确性评定的各级百分率及其得分

评级	模式5		模式9		模式12		模式14		模式15	
	百分率(%)	评分	百分率(%)	评分	百分率(%)	评分	百分率(%)	评分	百分率(%)	评分
Ⅰ级	13.8	55.2	20.5	82.0	14.9	59.6	15.6	62.4	26.1	105.6
Ⅱ级	31.0	93.0	22.7	68.1	27.7	83.1	9.4	28.2	23.9	71.7
Ⅲ级	6.9	13.8	15.9	31.8	17.0	34.0	31.3	62.6	19.6	39.2
Ⅳ级	48.3	48.3	40.9	40.9	40.4	40.4	43.8	43.8	30.4	30.4
总计	100.0	210.3	100.0	222.8	100.0	217.1	100.1	197.0	100.0	246.9

三、小结与讨论

以上研究的结果表明，利用时空序列样本可以建立起适应于广大范围的物候测报区域模式。这在测报实践上带来了更多的方便，对于丰富物候测报理论也是很有意义的。原则上，这些模式适应于构成它们的各样本点（观测站）所分布的广大地区，包括这些观测站及其毗邻的地方。这些模式除了用于测报之外，还以回归系数定量地反映了新疆地区春夏期间季节节奏的一些特点，即作为预报因子 X 的物候现象发生日期，每提前或迟后 1 天，相应的预报对象 $\hat{Y}$ 的发生日期将提前或迟后 0.67～1.04 天（表 7-16）。

各模式对于各地测报的适应性，依构成样本序列时各观测站提供的记录状况而定。一般地说，记录准确而年份又长的地点，模式在那里的代表性就好一些。需要再讨论的是，吐鲁番虽然有较多的记录参与了样本的构成，但在该地总计 60 次的各模式回报中，Ⅳ级的却占了 63.3％（表 7-20）。如果排除了记录的误差，那么很可能是由于这里特殊的地形造成的地方性气候条件，使得物候现象发生的节奏性具有不同于新疆其他地区的特点。即这个著名的"火洲"，春夏期间气温增加的速率特别大，因而物候现象发生的节奏亦变得非常急促。其具体表现是，在总计 60 次的回报中，有 55 次的误差均为正值，即运用统一的区域模式的推算日期晚于观测日期，其余 5 次回报中，2 次为 0，3 次的误差为负值，且都在 5 天之内。由此可以证明，吐鲁番春夏期间的季节节奏，较新疆其他地方要急促得多。对于这一问题，需要进一步的观测和研究。

表 7-20　各模式准确性评级百分率在主要观测站的分布

观测站	Ⅰ级（％）	Ⅱ级（％）	Ⅲ级（％）	Ⅳ级（％）	总计（％）	回报次数（次）
奎屯	31.6	21.1	28.9	18.4	100.0	38
石河子	23.1	30.8	23.1	23.1	100.1	13
乌鲁木齐	24.5	26.4	15.1	33.9	99.9	53
鄯善	19.1	40.4	25.5	14.9	99.9	47
吐鲁番	6.7	10.0	20.0	63.3	100.0	60
哈密	23.3	28.3	10.0	38.3	99.9	60
焉耆	16.3	18.6	32.6	32.6	100.1	43
轮台	46.2	19.2	7.7	26.9	100.0	26
库尔勒	23.6	36.4	10.9	29.1	100.0	55
库车	30.0	35.0	20.0	15.0	100.0	40

观测站	Ⅰ级(%)	Ⅱ级(%)	Ⅲ级(%)	Ⅳ级(%)	总计(%)	回报次数(次)
喀什	30.6	22.2	27.8	19.4	100.0	36
莎车	20.0	33.3	20.0	26.7	100.0	15
且末	16.7	33.3	20.8	29.2	100.0	24
叶城	15.4	7.7	7.7	69.2	100.0	13
和田	26.3	47.4	5.3	21.1	100.1	19

　　除了吐鲁番等个别观测站之外,凡是回报检验大于或等于15次的各观测站,其回报误差小于或等于5天的各级百分率之和都在60%以上,以至有的达到或超过85%(表7-20)。由此可知,对于大部分记录年份稍长的观测站来说,这些模式具有良好的测报效果。

　　由于是一组测报模式,所以对于某些测报对象,如沙枣始花、桑葚成熟可以随着时间的推移多次发出预报,这就有一种相互订正的作用。然而必须注意,测报因子 X 与测报对象 $\hat{Y}$ 两个物候期之间的期距长短直接影响测报效果。一般地说,二者的期距越短,测报效果越好;反之,二者的期距越长,测报效果则有变差的趋势。这显然是由于影响测报因子与测报对象发生的环境条件,特别是气象条件,在一个较长时段里的变动比短时间的变动来得要大所导致的必然结果。这一点也可以从它们之间相关系数的变化得到验证,即随两个物候期之间期距的增大,相关系数有变小的趋势(表7-16)。由此可知,从相关系数即可判断相应模式的测报效果。所以,两物候期之间的相关系数是否通过检验,就成为是否有价值进行回归分析并建立物候测报模式的判据。本例15对相关变量都以高度显著的水平($\alpha=0.01$)通过了相关检验,而且相关系数的数值随着期距的改变呈有规律的变化,这就从数学上证明了本例得到的15个物候测报的区域模式,从统计上定量地反映了在新疆地区春夏期间物候现象发生方面,节奏性动态的某种客观规律。

第八章　物候动态的成因背景

第一节　物候现象发生的能量变化背景

地理环境中物候现象发生的能量来源最终要追溯到太阳辐射，因为太阳辐射不仅制约着动植物的生命活动，也是产生极其复杂的天气现象，引起气候变迁，以及发生各种地表水文现象的主要原因，而物候学正是观察和研究这些事物的节律性动态的科学。

物候动态及其相应的成因背景，具有不同规模的时间和空间尺度，大体是超长期的节律性动态，要追溯到影响太阳辐射的天文因素的变动，而物候现象发生的准年周期性规律显然与地球公转所引起的太阳辐射在地理环境中的分配，以及由此引起的大气环流的状态有关。物候现象发生的时辰节律则与地球自转和当时天气相联系。

太阳是距离我们最近的恒星，它以辐射的方式向宇宙空间放射能量。但由于太阳是向各个方向辐射的，地球所得到的太阳辐射能量，大约仅为太阳所辐射出能量的二十亿分之一，绝大部分的太阳辐射能量都射到宇宙空间去了。但是，对地球来说，这是唯一值得注意的外部能量来源，是地球上生命活动的基本能源。

引起到达地表太阳辐射能变化的条件是多方面的，太阳活动可以使太阳输出的辐射能发生变化。以太阳黑子活动为例，主要有 11 年、22 年和 80～90 年三种周期，研究表明太阳黑子的这些活动周期与地球上的冷暖变化和大气环流变化有着较好的统计关系。

地球轨道要素的变化也可以使到达地面的太阳辐射能发生变化。地球在公转轨道上接受太阳辐射能，在假定太阳辐射源强度不变的情况下，到达地球的太阳辐射量的变化主要是由地球公转轨道天文参数的长期变化，即地球轨道偏心率、地轴倾斜度的变化以及岁差现象引起的。地球轨道偏心率在 0.00～0.06 之间变动，周期约为 9.6 万年；地轴倾斜度在 22.1°～24.24°之间变化，周期约为 4 万年；春分点沿黄道向西缓慢移动，大约每 2.1 万年春分点绕地球轨道一周。这三个轨道要素不同周期的变化，各自影响着地球接受太阳辐射能的变化，进而对气候产生影响。米兰科维奇曾综合这三者的作用，计算出 65°N 纬度上夏季太阳辐射量在 60 万年内的变化，据此解释了第四纪各次亚冰期和亚间冰期的发生及其相互交替变化。

太阳光的入射角度是决定地球表面某一地区所获得辐射能量的极其重要的因素。如图 8-1 所示，入射的角度 $h_\odot$ 越大，等量的太阳辐射散布面积越小，单位面积所获的太阳辐射能量就越多，太阳辐射强度越大；反之，则太阳辐射强度越小。太阳辐射强度与太阳高度的正弦成正比，即 $I = I_0 \times \sin h_\odot$。

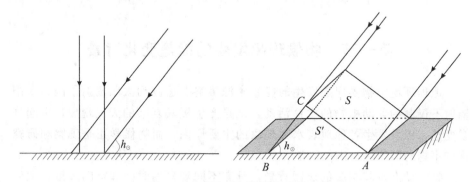

图 8-1　太阳高度与辐射强度的关系

太阳光与地球表面构成的角度 $h_\odot$，取决于当地的地形、地理纬度以及太阳在地平线上的高度，后者不但在一昼夜中有变化，而且在一年当中也有变化。

在不平的地区，如山地或小的起伏地区都是一样的，各种地形部位受太阳照射并不一致。在丘陵向阳坡，光线的入射角比丘陵脚下平地的入射角大，而在背阳坡入射角则很小，这就导致了不同地形部位所获得的太阳辐射是不一样的(图 8-2)。

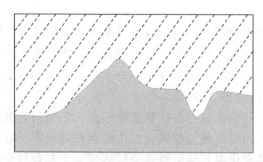

图 8-2　阳光入射角度与地形的关系示意(虚线表示阳光)

太阳光的入射角度和地理纬度的依存关系十分复杂。因为一地的太阳高度不但在一昼夜中有变化，而且在一年当中也有变化，表 8-1 即为不同纬度在不同日期的正午太阳高度角。表中的负值表示正午太阳高度在地平线以下，即当日在该地是看不到太阳的，因此其正午太阳高度也可以用 0° 来表示。

表 8-1　北半球不同纬度不同日期的正午太阳高度角

日期	节气	赤纬	不同纬度(φ)正午太阳高度			
			$\varphi=0°$	$\varphi=23.5°$	$\varphi=66.5°$	$\varphi=90°$
3月21日	春分	0°	90°	66.5°	23.5°	0°
5月6日	立夏	16.3°	73.7°	82.8°	39.8°	16.3°
6月22日	夏至	23.5°	66.5°	90°	47°	23.5°
8月8日	立秋	16.3°	73.7°	82.8°	39.8°	16.3°
9月23日	秋分	0°	90°	66.5°	23.5°	0°
11月8日	立冬	−16.3°	73.7°	50.2°	7.2°	−16.3°
12月22日	冬至	−23.5°	66.5°	43°	0°	−23.5°
2月4日	立春	−16.3°	73.7°	50.2°	7.2°	−16.3°

日照的时间即白昼长度是指由日出到日落的时间长度，即太阳可能照射的时间。白昼愈长，地表得到的太阳辐射能量愈多。地球上太阳可能照射时间的长短，随纬度和季节的变化而变化。许多植物的开花，受到日照长短的影响。

由表 8-1 可以看出，一年当中阳光在赤道上的最大入射角度变化在 66.5°～90°之间，而两极则由−23.5°～23.5°，由于负角度是落到地平线之下，因此实际的变化是由 0°～23.5°。

地球大气是一种包含多种气体分子和悬浮质点的气态混合物，它的成分和密度不但在空间上的分布是不均匀的，而且在时间上也是不断变化的。太阳辐射进入大气后，便受到这些气体分子和悬浮质点的影响，这些质点内部的电子在电磁波的作用下，发生振动，因而向四面八方发射同样波长的电磁波，使之向各个方向弥散，这种现象称为大气的散射。散射作用使我们在白天即使没有阳光的直接照射也可以看到光亮。

大气中的云层和颗粒较大的尘埃、水滴等气溶胶粒子还可以将太阳辐射的一部分反射回宇宙空间。反射辐射量与入射辐射量的比值叫作大气反射率。云的反射作用最为显著，其中高云反射率达 25％，中云达 50％，低云可达 65％。火山爆发也是影响大气反射率的一个重要因素。

太阳辐射进入地球大气以后，还有一部分被吸收。其中太阳紫外辐射能主要被臭氧和氧气所吸收，太阳红外辐射能则主要被大气中的水汽和二氧化碳所吸收，在能量集中的可见光波段，大气的吸收却很弱。最后，约有半数左右的太阳辐射能穿过大气到达地面。

还需注意的是，地表对太阳辐射能的吸收程度还受地表性质的影响。地面反射率是地面反射辐射量与入射辐射量之比，它的大小取决于下垫面的性质，如颜色、干湿状况、粗糙程度等（表8-2）。由此可见，甚至在同一辐射强度的情况下，在地形相同的条件下，下垫面性质的差异也会使地表获得的热量不同。

表 8-2　不同性质地面的反射率

陆地表面类型	陆地表面性质	反射率（%）
土壤	深色土壤	5～15
	浅色、砂性土壤	25～45
树木	针叶林	10～15
	阔叶林	15～20
	灌木林	15～20
草被	苔原	15～20
	草地	15～25
	干草地	20～30
作物	水稻和小麦	10～25
	棉田	20～25
	蔬菜	15～25
水面	天然水	6～10
	海面	10～20
	冰面	15～35
雪被	干洁新雪	80～95
	污浊的雪	40～50
人工地面	混凝土（干）	17～27
	沥青	5～10

在决定辐射变动规律的所有周期性因素之中，季节的更替具有特别的意义。地球的公转是导致季节变化的根本原因，下面我们就通过地球公转的特点来探讨季节的更替。在地球上看，似乎太阳终年在一个面上运动，这个面就叫作黄道面，它与地球绕太阳公转的轨道面是重合的。黄道面与地球赤道面之间存在着一定的夹角，这个夹角叫作黄赤交角，现在的黄赤交角约为23.5°。由于黄赤交角的存在以及地球的公转运动，使得太阳直射点在一年中变化于南、北纬23.5°之间，即南北回归线之间。正午太阳高度角由南、北纬23.5°向两极地区减小，同时各地的白昼长度也发生相应变化，在极圈内，一定时间会出现极昼或极夜现象（表8-3，图8-3）。

表 8-3　热带和温带纬度最长和最短昼长日

纬度	最长昼长日(时:分)	最短昼长日(时:分)
0°	12:00	12:00
10°	12:35	11:25
20°	13:13	10:47
30°	13:56	10:04
40°	14:51	9:09
50°	16:09	7:51
60°	18:31	5:29
65°	21:10	2:50
66.5°	24:00	0:00

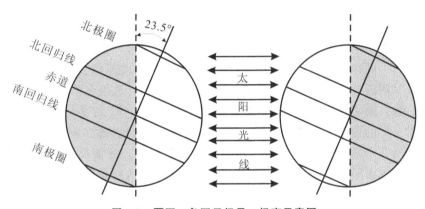

图 8-3　夏至、冬至日极昼、极夜示意图

　　当太阳直射北半球时，北半球正午太阳高度角大，且昼长大于夜长，获得的太阳辐射能多，属于夏半年，南半球就是冬半年；当太阳直射南半球时，北半球正午太阳高度角小，且昼长短于夜长，获得的太阳辐射能少，属于冬半年，南半球就是夏半年。

　　依据开普勒第二定律，当地球公转时地球的向径(即太阳与地心的连线)在两个相等的时间内所扫过的面积相等(图 8-4)。因为地球公转轨道是椭圆形的，地球向径所扫过的等面积扇形必具有不同长度的弧。地球距太阳越近，它在轨道上运行的速度就越快，就北半球而论，地球距太阳最近时是在冬季，由此可知北半球的夏半年比冬半年要长些，约长 8 天，南半球冬半年比夏半年也长 8 天。地球在其轨道上运行的一年中，北半球春季占 93 天，夏季占 94 天，秋季占 90 天，冬季占 89 天；南半球则春季占 90 天，夏季占 89 天，秋季占 93 天，冬季占 94 天。

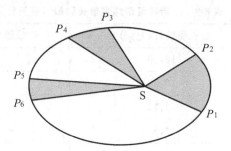

图 8-4　地球公转轨道和面积定律

　　一年中季节的更替对地表景观的动态作用特别大,它主要表现在一年中太阳辐射强度的变化,以及与此有直接关系的温度年变化,这成为影响各地物候差异的重要因素。

　　在南北回归线之间的地带,也就是我们常说的热带,太阳光每天正午以极大的角度射入,昼夜长短的差别不大,一年中得到的太阳热量比较均匀,没有显著差别,所以这里按照温度的标准,一年之中四季没有明显的区分。

　　在两极与极圈间的地区,也就是我们常说的寒带,会有一天或一个时期没有日出,同样也会有一天或一个时期,太阳始终在地平线之上(图 8-5)。在极地及其附近的区域,最低的温度出现于极地夜幕,这里冬季由于长期没有太阳辐射,地表特别寒冷,最高的温度则在 7 月至 8 月,冬夏温度之差很大。在寒带一年约可分为两季,冷季与暖季,我们也许会设想在暖季的时候,既然太阳有几个月照射不停,整天不断接收太阳辐射,应该使地表变得很暖。不过这种情形不会发生,因为在高纬地区,太阳的入射角很小,且阳光所穿过大气层的厚度增加,大气对太阳辐射的削弱作用变强。

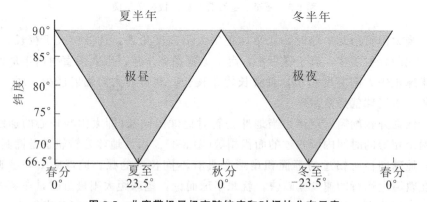

图 8-5　北寒带极昼极夜随纬度和时间的分布示意

　　实际上,地球上只有在南北半球的极圈与回归线间的地区,一年才有十分明显的春、夏、秋、冬四季。这些地区夏季太阳入射角大,白昼时间变长,冬季太阳入射角小，白昼时间变短，一年间温度的变化相当显著。

自然界中各种现象是相互紧密联系着的，辐射的年变化产生了温度的年变化，而温度的年变化又引起了许多其他的现象，这些现象的节奏多多少少类似温度变化的节奏，于是在地表景观中发生了一系列的季节性变化，如冬天雨水以固体形态降落地表，河流冰冻，植物的季相发生更替等。这在中纬度表现得特别明显，直立在冰雪中的落叶树，一到春天便发出娇嫩的绿叶，满树的绿色，到了秋天又渐渐转为枯黄，以至叶落飘零，而冬天来了，雪花又掩盖赤裸的枝丫。在动物界，同样也有周期性的变化，冬天有的动物冬眠，有的动物为了寻找更丰富的食物发生迁徙，也有的动物在冬天改变了颜色，长着深厚的绒毛，增多皮下脂肪。以上这些季节性的现象，都是地球环绕太阳运动的结果，而在人类的经济活动中，特别在农业、渔猎业中也表现出准年周期性的特点。

第二节　影响物候变化的内因与外因

物候现象是温度、降水、日照、土壤等多种环境因子影响以及植物本身生理生态特性的综合反映，是内外因素共同作用的结果。内外因素是有联系的，由于外界环境的改变，常引起体内激素含量等的变化，进而引起物候现象的变化。可见，外因是变化的条件，内因是变化的根据，外因要通过内因而起作用。认识影响物候变化的内外因素，对于物候的应用、物候期的人工控制和调节等具有指导意义。

一、温度的主导作用

温度是决定物候现象发生早迟的主要因素之一，温度的高低、积温的多少和低温刺激等都有影响。

植物生长与温度条件密不可分。大多数草本植物物种的春季物候表现为随温度的升高而提前，如羊草返青期与返青前 1 个月的平均温度呈显著负相关，气温升高，返青期提前约 2.4 天，其展叶期与 3～4 月的平均温度亦呈显著负相关，温度每升高 1℃，羊草展叶提前 4.35 天。

在中高纬地区，一般来说，前半年植物发育的开始期，主要取决于温度临界值的通过，也就是说只有当气温或土温超过某一临界值后，早春的发芽、开花现象才会到来。通常这个临界温度为 6～10℃，但早花植物和山地植物的发芽、开花的临界温度偏低些，在 0℃左右，而晚花植物展叶、开花的临界温度要求较高。另外，同种植物的不同发育期对临界温度的要求也不一样。

由于寒潮，春季气温如低于植物始花的临界温度时，那么始花日期便会推迟。还有，临界温度的持续期也很重要。如老鹳草在良好天气时，气温通过临界值继续上升，则花朵的持续期很短，仅有 1 小时；但在坏天气下，气温持续在临界值附近，花朵的开放期会持续 3～4 天。

必须强调的是，植物发育阶段的到来，不仅要求临界温度出现，还需要达到发育的准备程度，即前一生命阶段完成后，才会引起下一发育期的到来。在欧洲，当天气有利时，雪花（一种植物）可以在 12 月开花，因为那时它已结束了休眠期，而西洋接骨木则对 12 月的暖和天气没有反应，因为它的休眠期还没有结束。由此可知，植物发育的准备程度和快速地通过临界温度对物候现象的出现有重要意义。

植物在进入落叶和休眠期的过程中，温度也起着重要的促进作用。在温带，果树正常落叶是日平均气温降到 15℃ 以下、日长短于 12 小时的情况下开始准备。如果昼夜温差大，能促进落叶，而生长后期的高温又会延迟落叶。

植物不仅要求一定的温度强度，而且要满足一定的积温才能完成其生活周期。植物的各个发育期都有一定的积温要求，只有满足了它的要求，该物候期才会出现。同种植物的同一发育阶段所需积温，各年之间有一定的变化幅度，这主要是由于冬季寒冷程度的不同而引起的。因为寒冷可降低植物所需的热量，如雪花在温度偏低的冬季后，开花所需的积温就较少；在温和的冬季之后，开花期早些，但开花所需的积温要求则高些。特别是欧洲七叶树所需的积温，不仅在严冬后要求会低些，而且在上一年的干旱夏季后要求也会低些。在劳伦斯，美国白蜡在极端温暖年份展叶的积温需求明显高于非极端年份。在我国青藏高原，春季植被生长季开始的积温需求，在湿冷地区仅需极少的积温，但在干暖地区需要近 1000 ℃·d（> 0℃积温）。

低温的刺激对某些植物的开花有重要意义。如冬小麦必须在秋季播种，出苗后越冬，来年夏季抽穗开花。如果将冬小麦改在春季播种，它虽枝繁叶茂，但不能开花结实。冬性作物在苗期需要经受一段时期的低温，第二年才能和春播的春性作物一样开花结实，这个现象叫春化现象。冬性作物可用人工施加低温处理来促进开花，这种处理称为春化处理。

需要春化的植物种类很多，有冬性一年生植物（如冬性谷类作物），大多数二年生植物（如胡萝卜、甜菜等）和有些多年生植物（如很多种牧草）。需春化的植物中，有些表现出对低温的绝对需要，即没有适当的低温便不能形成花原基，如很多二年生植物便是如此。然而，很多冬性一年生植物，对春化只有数量上的反应；延长春化时期可缩短到达开花的日数，这类植物不经过低温春化也能开花，只是需要的时间加长。如冬黑麦完全春化需要长达 50 天的 −2℃ 到 12℃ 之间低温处理，解除春化后大约只需 50 天就能开花。若不经过低温春化或低温春化的时间较短，最终也能开花，只是达到开花的日数较多；若只冷处理 10 天，在适温下从冷处理结束至开花要 100 天以上，而且形成的花数也少（图 8-6）。

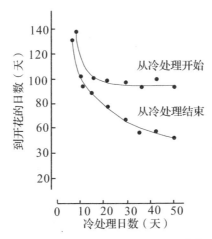

图 8-6　春化处理的日数对冬黑麦开花的影响

　　在春化过程结束以前，将植物放回到较高温度下，会抵消低温效应，引起所谓解除春化。低温处理的日子越长，越不容易解除春化；春化完成了，即使放在高温中也不会引起解除春化，成为不可逆过程。

　　低温对木本花卉的花芽形成也有影响。落叶树如果在花芽形成后的某一阶段未遇到低温，不但花芽发育遇到障碍，而且开花后也常表现出异常形态，如碧桃在 7～8 月形成花芽后，必须经过一定的低温时期才能正常开花。

　　低温能促进植物解除休眠。休眠是植物适应环境的一种表现，许多起源于冷凉气候区的植物，每年必须经过一个休眠期。在一个时期的旺盛生长后，即使外界条件仍然是有利于生长的，它们也会休眠。通常，这样的休眠只有在温度低于 5～8℃ 时才被打破；短时间的低温效果可以积累起来。如果将植物过远地向高纬移植，植物对低温的要求在冬前已满足，那么，休眠期在霜冻尚未结束时即已完成，它就恢复了生长。如果过远地移向赤道，直到冬末还遇不到低温，那么，当温暖天气来临时，休眠芽也不会很快地开放。如桃需要 400 小时以上低于 7℃ 的时期，越橘大约需要 800 小时低于 7℃ 的时期，当秋冬气温较高时，它们的休眠期还未结束，仍不能恢复生长。

　　寒冷对于解除休眠的效应，并不在植物体内传导，而是保留在个别芽中。如，一株休眠的丁香放在温室中，仅有一根枝条通过墙上的小洞伸到室外。经受过冬季低温的枝条在早春即长叶，而当时在温室内的部分仍保持休眠（图 8-7）。

　　延长芽的休眠，特别是适当延长果树芽的休眠是重要的。在温带地区，芽开放会使它的抗寒性减弱了，在这样的情况下，再出现严寒会造成冻害，所以适当延长休眠是防止晚霜袭击的措施之一。延长苗木的芽休眠，对苗木

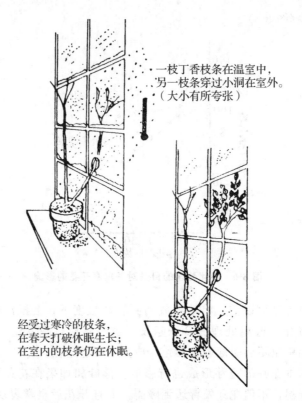

一枝丁香枝条在温室中，
另一枝条穿过小洞在室外。
（大小有所夸张）

经受过寒冷的枝条，
在春天打破休眠生长；
在室内的枝条仍在休眠。

图 8-7 寒冷解除休眠的效应不在植物体内传导的实验

的移栽和运输也是有利的。

有研究表明气温升高导致温带及寒带植物春季物候显著提前，秋季物候延迟，植物生长季延长。但温度对春季物候的影响具有正反两方面的作用：一方面气候变暖导致冬季升温，因冷激不足，会延迟春季物候的发生；另一方面春季升温会导致热量累积加快，更快速地满足植物对积温的需求，加快春季物候的发生。因此，温度影响物候是一个非线性过程，需要考虑冷激和积温的共同作用。

研究发现，春季物候的发生与日最高气温的关系更为密切，日最高气温对春季展叶物候的影响是日最低气温的三倍。此外，植物物候对温度的响应存在着显著的种间差异，其主要原因在于不同物种冷激和积温的需求存在显著差异。例如，温度升高会导致榛树、杨树等温度敏感性高的树种展叶期显著提前，而对山毛榉、椴树等温度敏感性低的树种展叶期提前量则比较小。

植物物候对温度的敏感性随着温度升高显著降低。有研究发现，随着气温升高，欧洲植物春季展叶物候的温度敏感性显著降低了 40%，采用控制实验的方法，莫林等发现随着气温不断升高，三种欧洲栎树的春季展叶物候提前趋势不断减少。

相对于春季物候，温度对秋季物候控制力较弱，主要与其他环境因子协同控制秋季物候。

二、日长是影响物候期的重要生态因子

加纳和阿拉德是较早并明确将日长视为控制开花的环境因子的两名美国科学家。美国很早就对我国的大豆感兴趣，可是将大豆移到高纬栽培却遇到了困难，因为在那里大豆秋天开花太晚，不能在霜冻前成熟。1918 年加纳和阿拉德在对大豆做分期播种试验中发现，从春季到整个夏季分期播的大豆，都趋于同期开花。显然这牵涉到一个季节性因子。

他们还注意到一种叫马里兰猛象的烟草，在夏季茂盛生长，但只有在冬季温室内才开花。他们试验了一些可能影响的因素，如温度、移植时的震动、光质等，最后肯定，关键因素是日长。如果在夏季人为地缩短日长，将这种烟草放在暗处，使其受到相当于冬季的日长后，这样它在夏季也开花。相反，在冬季温室内，用人工光照延长日长，它则保持营养生长状态。显然这种烟草只在短日条件下开花。以后的研究进一步证明，如果日长超过 14 小时，马里兰猛象烟草便不开花。这就是 20 世纪初植物生态学上的重大发现之一——光周期现象。

在各种气象要素中，日长是季节变化的最可靠的信号。植物在长期适应环境的过程中，可对日长有不同反应，以致可在一年中的特定时间开花。有许多植物在生长发育过程中，有一段时期每日需要较长的光照时间才能开花，而且光照时间越长，开花越早，如果日长处在临界长度以下，则植物不开花，这类植物称为长日照植物或长日性植物。自然界中那些初夏开花的植物多属此类。对这类植物用人工方法延长光照，能提早开花，如大麦、小麦、豌豆、油菜、萝卜以及越橘属的果树。另一类植物在生长发育过程中，有一段时期每天要有较长的暗期（长夜）才能开花，在一定范围内，暗期越长开花越早，如果处在暗期的临界长度以下，则植物不能开花，这类植物称为短日照植物，也叫短日性植物。自然界那些通常在深秋或早春开花的植物多属此类。用人工方法缩短光照能使它们提前开花，如大豆、棉花、烟草以及菊花等。还有一些植物对日长的要求不严格，称为中日照植物，又称中日性植物，如番茄、四季豆、花生等，只要温度适宜，一年四季均能开花。此外，有些植物花芽的发生与开放，往往需要不同的日长，所以又有长短日照植物与短长日照植物之分。前者如翠菊，其花芽在长日照中形成，而开花在短日照中促进；后者如瓜叶菊，其花芽的分化在短日照条件下形成，分化后在长日照条件下促进开花。

各种植物开花对日长的要求不同，显然与它们的地理起源和长期所处的生态环境有很大关系。热带、亚热带终年的日长都接近 12 小时，在这里起源

的植物多半属于短日性的；在温带和寒带，生长季主要限于较长日照的时期，起源于这里的植物多半属于长日性的。不论是长日性植物还是短日性植物，其临界日长都随植物分布的纬度而不同，在北半球生长地区越北临界日长越长，这也是和长日性植物多半分布在高纬地区，短日性植物多半分布在热带或亚热带相一致的。

有研究表明，日长是对植物秋季物候起主导作用的环境因子之一。当日长缩短至限制植物生长发育的阈值时，将诱导植物叶片衰老并进入休眠状态。可见，日长对植物的落叶、休眠同样有控制作用。落叶植物在光照较长的情况下，可以推迟叶柄基部离层的形成，而在光照缩短时，会加速离层的形成。如鹅掌楸在适宜的温度下，每日给予长光照，可以继续维持生长状态 18 个月之久。若把桦树暴露于人工缩短的光周期下，会产生类似于秋天到来时的结果。俄罗斯的圣彼得堡一般不能种核桃树，因为 9 月份核桃尚未落叶的时候，严霜已经来临，从而使核桃树受冻而死，但若 9 月间 15 时以后，把核桃树用柏油防水布遮盖起来，使它不见阳光，则霜冻以前核桃树已提前落叶，进入休眠状态，提高了耐寒性，核桃树便能在这里生长了。

各种植物的生长发育对日长都有特殊要求，如果把它向较高或较低纬度引种时，由于日长的改变，可使其各物候期以及各物候期之间的日数发生相应变化。如长日性植物北移时，生长期的日长比原产地长些，可较早满足它对长日的需要，发育会提前完成，各物候期间的间隔日数会减少，全生育期也会缩短；长日性植物南移时，发育会延迟，有的甚至会赶上早霜冻，不能开花结果。短日性植物北移时，那里夏季日长较长，使发育延迟；短日性植物南移时，则提早开花。

实验证明：许多长日性植物在温度降低的时候，在比较短的日长下也可以开花；而有的短日性植物，在较长日长条件下，夜温较低时也会开花，同样条件下，夜温较高时却不开花。例如，马里兰烟草，如果夜温是 18℃，能在 9～10 小时的短光周期下开花，但不能在 16～18 小时的长光周期下开花；可是当夜温保持在 13℃，则在这些光周期下都可以开花了。也有高温使某些植物对日长的敏感性降低的例子。如短日性植物穿心莲，在较高的温度下（夜温加至 25℃），对短日照的要求变得迟钝。在北京自然光照条件下（日长 14～15 小时），夜温加至 25℃时，开花时只比同样夜温和 10 小时光照条件下的晚3 天，比同样夜温及 12 小时光照条件下的植株只晚 1 天，而比不加夜温和 12小时光照处理的植株早 15 天，比不加夜温和在 10 小时光照处理的植株早得更多。可见温度和日长之间的影响是可以相互转换的，植物对环境条件的要求不是孤立的，而是一个综合的统一体。

部分物候实验研究还表明，不同植物物候关键驱动因子不同，如休眠开始物候期（叶片枯黄和叶片脱落）主要受光周期与低温影响，大部分温带植物休眠开始主要受日长调控，而蔷薇科植物休眠开始主要受低温调控；休眠解除主要受低温和光周期驱动，有的植物主要由低温主导，有的植物则由光周期主导。如有学者研究发现，水青冈属的一些种，物候期主要是受光周期条件控制的，温度只是在植物满足临界日照长度后对植物生长起到一定的调节作用。

近年，付永硕提出了温周期与光周期耦合调控春季物候期的理论框架。温周期指控制植物生长发育的温度，包括冬季冷激和春季积温，季节性周期变化。根据该机制，光周期通过调整物候积温需求和冷激需求的非线性关系，进而调整春季物候发生时间，以达到最长生长季与避免霜冻伤害平衡的最优生长策略。

三、水分和土壤条件的影响

降水是影响热带植被物候的重要因素之一，但热带植被对降水的响应在群落尺度上存在差异，这可能与枯水季的长短相关，干旱会促进植物叶片的脱落。在热带，干湿季明显的地方，植物大部分是在雨季开花，干季落叶的。

降水也是影响干旱半干旱区生态系统植物物候的主要因素。水分不足限制了干旱半干旱地区植物对光、热条件的利用，降水与植物物候呈正相关关系。植物一般只有一次落叶，但也有个别两次落叶的，即秋冬落叶和旱季落叶，如贺兰山下的小叶杨，就有两次落叶现象。

多雨可推迟植物的发育过程。阴雨天气温低，可延迟展叶、开花和成熟等物候现象。但即使气温相同时，雨水多，会导致光照条件差，也会推迟成熟期，这在谷类作物上表现尤为明显。

空气湿度对开花也有影响。湿度太低会使花期变短，花色变淡，甚至出现花器受损；湿度过高会引起花瓣霉烂，病虫害蔓延等。

土壤是影响植物发育物候期早或迟的又一因素。在一些情况下，由土壤条件造成的发育差异比气候差异更加显著，因为土壤种类一般有显著的分界，而气候和小气候的变化是比较渐进的。土壤差异及与之有关的植物发育特点往往是很显著的。例如初春在干燥的沙土上已进入开花期，而旁边潮湿的沼泽土的植物却还处在冬季休眠阶段，但是，要区别由土壤条件引起的植物发育差异，并不是轻而易举的。

植物发育速度的差异主要依赖于土壤温度和湿度，因为潮湿土壤比干燥土壤的温度增加得慢些。潮湿土壤所获得的热量，有一部分要消耗于蒸发，只有相当干涸以后，潮湿土壤才开始升温。早春时节，在一些田地上，随着耕作层或新土特点的不同，可以见到潮湿的斑点。这里的土壤温度的增加要晚一些，因为初春吸收的热量大部分消耗在土壤水分的蒸发上，这时分布在旁边的干燥土壤，温度会增加。潮湿地方的植物发育延迟是由于土壤温度低的原因。因此，潮湿土壤的耕作也推迟了。有时两株同龄相距不远的树木，由于土壤湿度不同，春季的展叶、开花期也有差别。一般来说，生长在过湿土壤上的植株，春季的物候期都迟一些，这主要是由于地温低造成的。土壤湿度还影响开花期，水分少则开花不良，花期变短；水分供过于求则会引起落花、落蕾。如柑橘的落花和山茶花的落蕾，就与土壤水分太多有直接关系。

在有些发育期，如谷物成熟期中，土壤中丰富的储水量保证着良好的供水，但却延迟发育期的来临，在这种情况下，土壤湿度对发育期开始日期有直接的影响。土壤颜色也可以有特殊的意义，当干涸程度相同时，暗色土壤比浅色土壤容易增温。在暗色土壤中，植物根部所处的温度条件要比浅色土壤中好些，即温度要高些。由此可见土壤温度对植物发育速度有决定性的影响，一般情况下，植物根部所处土层温度增加得越高，植物发育得越快。

四、植物激素的变化控制着物候现象的发生

在植物的生命活动中，你会看到许多奇特的现象。例如，在同一枝条上的芽，有的芽会长成嫩绿色的枝叶，有的芽会发育成五彩缤纷的鲜花；有的芽会茁壮地成长，有的芽会长眠不动。原来，这些都与植物体内产生的一些微量有机物——植物激素有关。植物激素是一种微量生理活性物质，在植物的一定部位产生，而后输送到其他部位，对植物器官的形成和生理过程起着明显的调节、控制作用，进而影响物候期的早晚。

在植物激素中，发现最早的是生长素，它的研究开始于达尔文。1888 年达尔文为了研究光照对金丝雀虉草幼苗胚芽鞘的影响，做了胚芽鞘向光性实验。在实验中发现，当虉草的胚芽鞘受到单侧光照射时，它就产生向光性弯曲；如切去胚芽鞘的尖端或在尖端套以锡箔小帽时，胚芽鞘就不出现向光性弯曲。虉草是一种单子叶的草本植物，其幼苗向光线方向弯曲时，感受光刺激的部位是胚芽鞘的顶端，而发生向光性弯曲的部位却是顶端下面的伸长区。根据这一实验，达尔文得出结论：胚芽鞘受到单侧光照射时，某种影响便从胚芽鞘的尖端传递到下面的部分，引起下面部分的弯曲反应。以后的一些研究证实了这种看法。

1928 年，荷兰人温特用燕麦试验法首次取得了由胚芽鞘尖端产生的这种促进生长的化学物质。他把切下来的燕麦胚芽鞘尖端放在一块琼胶薄板上，经过几小时后再取走它们，把带有燕麦胚芽鞘尖端扩散物的琼胶板切成小块，放在去顶胚芽鞘的一边，也会引起去顶胚芽鞘向没有放琼胶小块的一边弯曲（图 8-8）。

1934 年，荷兰的郭葛等人在人尿中分离出一种叫吲哚乙酸的化合物，如将这种物质混入琼胶后，用于温特的燕麦试验法，也能引起去顶胚芽鞘的弯曲。许多人认为，这也就是温特分离出的生长促进物。不久，在植物中也发

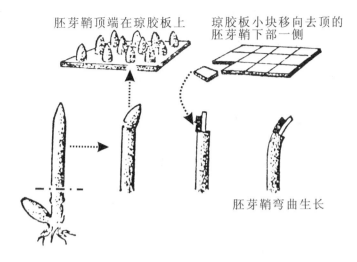

胚芽鞘顶端在琼胶板上　　琼胶板小块移向去顶的
胚芽鞘下部一侧

胚芽鞘弯曲生长

图 8-8　温特的燕麦试验法

现了吲哚乙酸这种生长促进物，并称为生长素。从那时起，许多人做了大量
研究，又陆续发现了几类植物激素。

目前已发现天然的植物激素有五大类：生长素类、赤霉素类、细胞分裂
素类、脱落酸和乙烯。它们对植物发芽、开花、成熟、落叶、休眠等物候现
象都有调节控制作用。除天然激素外，现在还制造出多种具有天然激素作用
的合成化合物，为区别于天然植物激素，人们把这些合成化合物称为生长调
节剂。生长调节剂大部分在植物体内是不能合成的，只能通过人为办法强加
给植物体，从而人为地影响物候现象。

在高等植物体内发现的天然生长素只有吲哚乙酸（IAA）一种，而生长素
的人工合成物却有萘乙酸甲酯、α-萘乙酸（NAA）、吲哚丁酸（IBA）、2,4-二氯
苯氧乙酸（2,4-D）、增产灵（4-碘苯氧乙酸）等多种。它可抑制窖藏马铃薯的发
芽，如把含 1％的萘乙酸甲酯的黏土粉剂均匀地撒在块茎上，随后放回密闭的
窖里，萘乙酸甲酯有挥发性，可以化为气体，进入芽内而起到抑制作用。对
柿树用浓度为 0.01％的 2,4-D 溶液喷洒，能延迟发芽。对苹果、梨等用浓度
为 0.05％的 α-萘乙酸溶液喷洒，也能抑制发芽，可防止春季晚霜危害。

赤霉素是从赤霉菌的分泌物中提取出的一种结晶物质，是日本科学家于
1938 年发现的。现已发现，某些长日照植物在短日照条件下不能开花，以及
一些植物未经低温春化处理就不能开花，是因为这些条件影响了植物赤霉素
含量的缘故。如长日照植物菠菜，从短日照条件移入长日照条件，即可提高
其赤霉素含量。经过低温春化处理过的植物，其赤霉素含量比未处理的同种
植物要高。这些都说明，由于长日照或低温春化处理而引起的花芽形成和开
花，是与内源赤霉素的形成有关。

赤霉素有代替低温的作用。有些二年生作物，如甘蓝、甜菜、萝卜等在正常情况下，第一年长出叶球或肉质根，经过冬季低温，第二年才抽薹开花。如果在它们生长的第一年不经过低温，而代之以赤霉素处理，第二年同样可开花结实。对于有些需要长日照才能开花的植物，赤霉素处理也有代替长日照的作用。

赤霉素还有打破休眠和促进发芽的作用。如桃树种子需要在5℃左右低温的湿沙里埋6周，完成后熟作用后才能萌发。如果不这样，而采用浓度为0.01的赤霉素水溶液浸种24小时，约半个月后也能萌发。

细胞分裂素对于莴苣、烟草、苍耳等种子的萌发有促进作用，它对休眠芽的萌发也有诱导作用，如葡萄的休眠芽，可在它的作用下加速萌发。细胞分裂素还能促进某些植物的花芽形成和开花，利用它处理短日照植物紫苏属和藜属，能使它们在长日照条件下开花；反之，长日照植物，如柳叶蒲公英利用它处理，也能在短日照条件下开花。它还有延缓组织衰老的作用，如将一片摘下的烟草叶，一半涂以细胞分裂素，一半涂水作为对照，几天以后，涂水的一半变黄衰老，而涂细胞分裂素的一半则保持鲜绿；如果把细胞分裂素直接施在叶的适当部位，叶的脱落会推迟。

脱落酸的纯结晶，最初是从棉花、槭树、豌豆等植物中提取出来的。植物器官的脱落是环境条件和植物内部变化引起的，如秋末冬初，日长变短，气温下降，在落叶树的树叶里产生脱落酸，促进离层发生而引起器官脱落，脱落酸运输到芽里，则抑制芽的生长而进入休眠。入春后，休眠芽里的脱落酸逐渐转化，含量显著下降，与此同时生长素含量增多，植物萌发、生长。由于脱落酸的发现，我们可以人为促进植物落叶，调节植物营养器官和生殖器官的生长，这样处理既提高产量也利于机械收割；或用它诱导植物的休眠，而植物的休眠能提高它的耐寒性，有利于越冬；还可以用它抑制树木的发芽，避免晚霜的伤害。

我国劳动人民很早就知道，为了促进青而涩的果实成熟，最好把它密封在米缸里。这是因为正在成熟的果实释放出来的乙烯可以加速自身的成熟，而在密封条件下释放的气体可积累起来，更加强了催熟效果，所以乙烯是一种"成熟激素"。现在知道它几乎对所有果实，如柑橘、梨、桃、香蕉、柿子、西红柿、辣椒、西瓜等都有催熟作用。乙烯是气体，应用不便，实际使用中是以液体状态的乙烯利作为乙烯的释放剂的。不过，只有果实发育到足够大时，外施乙烯利才有可能加速成熟过程。

五、遗传因素的影响

遗传是影响物候现象发生的重要因素，F. 施奈勒创建的国际物候园，就是希望通过观察基因相同的植物来消除遗传因素对植物物候造成的影响。

在许多树种中，一个群体内的不同个体树木，在生长开始时变异很大，并处于强劲的遗传控制之下。植物物候现象的发生容易受到气候等环境因素的影响，在不同年份同一品种会出现较大差异，但受遗传因素的影响，各品种间物候期的先后次序在遗传上是相对稳定的。

王力荣等对不同品种桃的物候观察发现，在 347 个品种果实发育期中，最小值仅为 52 天，最大值为 192 天，前后相差近 5 个月；480 个品种始花的最早和最晚日期也相差了 1 个月。反映出桃果实发育期和始花期有着丰富的遗传多样性。

沈德绪等在做梨的杂交试验中发现，杂种各物候期的早晚在组合间有明显的差异，而且表现出在很大程度上受到杂交亲本的影响，大致趋向是两杂交亲本的某物候期指数高者，该组合杂种的某物候期平均指数也较高，有着比较明显的遗传效应。

六、植物叶变色原因

叶变色是秋天的信号。为什么秋天有些树叶会变黄，有些树叶会变红呢？原来在树叶里除含有绿色的叶绿素外，还有黄色的叶黄素或是能显示红色的花青素。在温暖季节，叶绿素大量生成，其他色素生成得少，所以树叶呈绿色。进入秋季，日长变短，气温降低，叶子里合成叶绿素的速度减慢或停止，而叶绿素的破坏作用却在加速进行，当叶绿素消失时，剩下黄的色素——胡萝卜素和叶黄素就变得明显起来，如杨树、白蜡、桦树等就是这样；另一些树种的叶子，如山毛榉显示出金黄色，是因为在它的细胞中除黄色的色素外，尚有一种褐色的色素（一般认为是单宁）存在的缘故；还有一些树种的叶子，如黄栌（香山红叶为这种叶子）、枫、槭、乌桕等呈现红色或紫红色的色彩，这是因为在它们的叶细胞中含有较多的花青素。在深秋的低温下，加上晴朗干燥的天气，更有利于花青素的形成，所以深秋的红叶是"霜重色愈浓"。

不仅是树叶，花朵之所以呈现五颜六色也是由于细胞液里存在着色素的缘故。红色的花，细胞液里含有花青素，它在酸性时呈红色，碱性时呈蓝色，中性时则呈紫色。黄色和橙色的花，细胞里含有胡萝卜素。白色的花，花瓣里充满了气泡，细胞里没有色素。各种花含有的色素因酸、碱浓度以及温度、养料、水分等条件的不同而发生变化，所以花色有深浅浓淡，有的还会变色，如牡丹中叫"娇容三变"的品种，初开时为青色，后转为粉色，盛开时为淡红，近谢时又变白。根据这些，还可区别开花的始期、盛期和末期。

七、动物迁徙的原因

我们这里所指的迁徙，是指动物群体根据它们对环境的要求，季节性地更换栖居地的迁移行为。年度节律、光周期和昼夜节律之间的相互作用，为动物的时间定位和空间定位提供了主要依据。

动物的迁徙是一种季节性活动，这其中最多的就是候鸟的迁徙，它们飞越沙漠、海洋或高山，不远万里，每年一次地往返于两地。如北京雨燕，大约在每年3月底4月初飞临北京，产卵育雏，到了7月底8月初又离开北京，飞到非洲南部避寒，全年迁徙距离达3万千米以上。有些候鸟识别方向的能力更是惊人，如北极燕鸥（一种体长35厘米左右的中型鸟类），要完成从北极到南极的约1.7万千米的飞行，中间有很大距离是茫茫的大洋。又如从阿拉斯加向夏威夷群岛迁徙的鹬类，在海洋上空要飞行3000千米以上的路程。还有一种类似鹬类的小鸟，它们在日本营巢，而在澳洲东部越冬，在大洋上空要飞行5000千米，并且有很长旅程是夜间飞行的，但它们并未迷失方向。那么候鸟何以能千里迢迢识归途呢？

对鸟类迁徙的研究表明，有些鸟类能够利用地貌特征，如河流、山脉、海岸、湖泊、岛屿和森林等，作为"方向标"，鸟类以其特别发达的"视觉分析器"，视地形的凹凸特征来选择飞行方向，完成定向迁徙；有些鸟类是由于有磁感应能力而确定飞行方向的；有些鸟类则是白天以太阳，晚上以星宿位置来导航的；还有些鸟类视觉器官具有接收偏振光的能力，依靠偏振光定向导航。

据鸟类专家分析，候鸟每年做长距离迁徙，主要有历史因素、环境条件和生理刺激三个方面的原因。历史因素：在第四纪冰川时代，地球上气候转冷了。在北半球，冰川向南方推进，特别是在冬季，气候非常寒冷，所有的昆虫和植物都被冻死了，鸟类无法找到食物和生存条件，被迫远离故土，迁向温暖的南方。到夏天，冰消雪融，许多鸟类仍"留恋"故乡，因而又飞回北方，这样长期迁徙便形成候鸟周期性迁徙的习性。环境条件：鸟类的迁徙，还受到各种环境条件变化的影响。每当冬季，繁殖地区气温下降，日照缩短，食物减少，给鸟类生活带来不利时，它们就结伴飞往温暖的南方去越冬。但是越冬的地区不适于营巢、育雏，于是到翌年春天，它们又迁回故乡繁殖，如燕、雁、野鸭等都是这样。生理刺激：一些鸟类的迁徙，在很大程度上与鸟类体内分泌腺的活动有关。在春天，由于外界环境条件（如光照、温度）的影响，引起体内分泌腺（如脑垂体、生殖腺等）的活动，分泌出激素，刺激鸟体的有关部分，使鸟类产生了传种的需求，于是它们就北迁进行繁殖。加拿大的洛文教授，曾花费20多年时间证明了这一点。1924年秋，在一种乌鸦似的候鸟秋天南回时，他网罗了若干只。把一部分鸦放在寻常环境里，这时冬季将临，昼长一天天变短，而把另一部分鸦用日光灯来延长昼长，人为地把白昼一天天地延长。到了12月间，前一部分的鸦类很安静，而后一部分的鸦类，都大有春意，不但歌唱起来，而且内部生殖腺都发展到春天模样。这时把它们放出来，凡是经过日光灯照过的统向西北飞去，好像春天候鸟一样，虽然这时气温在−20℃，而未经日光灯照射过的则大部分留在原地。上述事实也说明，引起鸟类迁徙的外因和内因，是有着密切联系和相互影响的。

在北美，秋季橙黄色成为主导景观，这不仅仅是因为树叶变黄，还因为数百万帝王蝶踏上向南迁徙的旅程，一些帝王蝶将飞行4000千米。迁徙期间这些蝴蝶处于生殖滞育状态，不进行生育可以为它们的长途跋涉保存实力。在一鼓作气飞向南方之前，它们已经有了一定的脂肪储备，迁徙途中，它们会停下来进食花蜜，以补足能量供应。到达墨西哥一小部分地区后，帝王蝶的生殖滞育会一直持续到早春，直到生殖滞育被逐步变长的昼长打破。交配后的帝王蝶，向北飞至美国南部，将受精卵产到马利筋的叶子下面，靠马利筋养活的帝王蝶幼虫，长成有生殖能力的蝴蝶之后向北转移，以找寻新鲜的马利筋。帝王蝶在整个夏季生命短暂，会繁衍两三代，最后一代抵达它们可以到达的最北端，然后秋季逐渐缩短的昼长，促使帝王蝶向南迁徙。

美国的里珀特认为帝王蝶作为一个模型，可以帮助我们在细胞和分子水平上理解迁徙的时间选择机制和以太阳为导航的时间补偿机制。帝王蝶脑外侧部有8个细胞似乎是"主"昼夜节律钟的（图8-9），该部位表达三种节律蛋白，PER、TIM和CRY，其中PER的生成和降解呈现周期为24小时的震荡，此外PER、TIM和CRY蛋白也在脑肩部表达，但是节律性较弱。

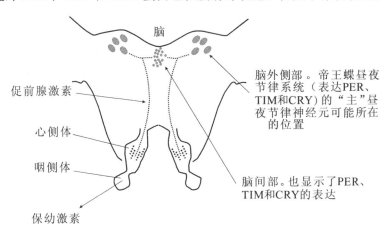

图8-9　帝王蝶脑示意图

（图8-9表明了脑外侧部"主"昼夜节律钟可能的位置。脑间部产生胰岛素样神经激素，该物质能够调控保幼激素的释放，含有CRY的神经元将脑外侧部的昼夜节律钟和脑间部联系到了一起。）

帝王蝶脑外侧部的昼夜节律钟参与了测量缩短的昼长，并导致它们秋季向南迁徙。在秋季，帝王蝶的保幼激素水平下降，表现出生殖滞育，这个过程和帝王蝶的寿命从夏天的几周增加到迁徙期间的几个月有一定关系。脑肩部产生的胰岛素样神经激素似乎能调节保幼激素的释放，含有CRY的神经元，将脑外侧部和脑间部的昼夜节律联系起来，这个途径将光周期的变化传达给脑间部和脑部其他目标神经元，因而使得帝王蝶做出适当的生殖响应。

帝王蝶的导航能力是与生俱来并程序化的，它们的昼夜节律和当地时间一致，迁徙过程中主要以太阳定向，并根据自身昼夜节律抵消太阳的视动现象，飞行中的帝王蝶随着太阳位置的改变，不断校正自己的方向，将光/暗周期提前或者延迟 6 小时，促使帝王蝶的昼夜节律更改之后，它们的飞行方向发生了和预期一样的改变。此外如果将帝王蝶置于恒定的光照中，它们的分子钟会被破坏，昼夜节律消失。在这种情况下，它们将无法利用太阳导航。

蝴蝶利用天空中偏振光的模式而非太阳本身作为导航线索，它们眼睛背侧边缘的紫外线光感受器似乎可以感知偏振光。也有可能，帝王蝶具有磁感受器，可以利用以黄素蛋白隐花色素为基础的磁敏机制。

迁徙是动物应对季节变化最显著的适应性行为之一。它们选择适当的时间出发，为漫长的旅途储备能量并正确导航，构成了自然界最伟大的壮举之一。

第九章　物候学的应用领域

物候现象是自然环境要素及其变化的综合反映，物候学在农业生产、人类生活、园艺、旅游等领域有着广泛的应用，特别是在全球变化研究中，更是发挥了巨大作用，是研究全球环境变化的最直接和最有效的证据之一。开展物候学研究有助于气候学、地理学、生物学、生态学及相关资源和环境科学的交叉和融合，从而推动多学科综合研究的深入开展。因此，物候学的成果有着广泛的应用和参考价值。

第一节　物候学与气候

物候现象发生期的早迟主要是由气候决定的，因此可由物候现象来反推气候。物候学在气候变化研究和山区气候调查等方面的应用，都是根据这一原理进行的。

一、物候现象的气候指示意义

气候是影响物候现象发生的重要因子之一，对主要气象要素，特别是气温有很好的指示意义。物候现象指示气候的原理可分成两类。一类是植物生长的限制性原理。植物生长发育都有它的下限温度、上限温度和最适温度。植物对下限温度的反应较敏感，低于这个温度就要发生冷害。我国季风气候显著，冬冷夏热，冬季低温是限制热带、亚热带植物北移的主要障碍，因此这些植物的分布界限、冻害程度和频率是反映这些下限温度的重要指标。另一类是对环境条件的累积性原理。在环境条件适宜的范围内，物候期的到来要经历一定过程，气象条件必须达到一定的累积值，如杏树始花一定要在冬后大于5℃的积温达到103℃时才能出现。

一年四季都有一些可以反映温度高低的指示物候现象。冬季，根据河、湖的结冰厚度、封冻天数、土壤冻结和翻浆的早晚，柑橘、荔枝、梅树等的受冻状况和分布情况，可以推出当地冬季的极端低温值，还可根据一些植物越冬受害次数，估计出该作物的越冬保证率。春季，植物的芽膨大、芽开放、开花、候鸟来去、农事活动开始日期等，可作为某些界限温度初日出现早晚的指标、积温多少的指标，以及春季月份气温高低的指标。夏季，物候现象一般对温度不敏感。秋季，物候现象有野菊、桂花等的开花，树木果实的成熟和脱落，苹果、梨的采摘，农作物的收获，越冬作物的播种，候鸟迁飞等等。但秋季物候现象与温度的关系比较复杂，有三种情况：第一种，物候期主要依赖于前期的温度条件，这里一定的积温起着重要作用，果树果实的成熟期和作物的收获期，都是以它前期温度条件为转移的；第二种，物候现象的出现决定于一定界限温度的短时作用，往往是由于气温降低到一定指标而引起的，前期的积温并无多大意义，如桂花、野菊花要当最低气温降到17℃以下才能开放，因此它们是这些指标温度到来的指示物候现象；第三种是越冬作物开始播种日期，各地的秋播季节有一定的人为影响，但主要是由气候决定的。上述原理和指示物候现象都可以用于气候学研究中。

以往的一些研究表明，春季的各种植物物候现象与该季的气温状况有着较为密切的关系。张福春通过相关分析指出：北京春季的各种植物物候现象与春季气温关系密切，相关系数绝大多数达到高度显著的程度。此外，春季物候与年平均气温亦有较好的相关性(表 9-1)。据此，可由某些物候现象来推算该地的年或季的平均气温。

表 9-1　北京城区物候现象与气候的相关系数

要素	北海冰融	山桃始花	杏树始花	紫丁香始花	柳飞絮	刺槐花盛	布谷鸟始鸣
3～4 月气温	−0.67**	−0.71**	−0.77*	−0.65**	−0.76**	−0.53*	−0.09
3～5 月气温	−0.69**	−0.68**	−0.76**	−0.66**	−0.68**	−0.50*	−0.06
2～5 月气温	−0.86**	−0.77**	−0.87**	−0.72**	−0.82**	−0.66**	0.18
年平均气温	−0.78**	−0.66**	−0.72**	−0.54*	−0.68**	−0.54*	−0.09
日平均0℃初日	0.70**	0.72**	0.71**	0.58**	0.17	0.41	−0.18

* 通过 α＝0.05 的显著性检验；＊＊通过 α＝0.01 的显著性检验；无记号为不显著。

物候现象又被看作指示气候的"活仪器"，用植物的物候期来反映地区间的气候差异是可行的。在没有或缺乏气象观测数据的情况下，物候资料是推断气候状况的重要依据，选择某种植物的某一物候现象作为某种气候指标进行调查，能够较快地了解中小区域的气候状况和差异的程度。如 1966 年中国科学院地理研究所采用巡回观测法，乘汽车对北京地区的榆树始花期进行了调查，图 9-1 就是调查结果。他们的工作表明，北京地区早春的榆树始花期可代表界限温度5℃的出现日期。可见，在所要调查的区域内，采用巡回观测法进行物候观测，只要有少数人，在不长的时间内，就可以将一些物候现象的地理分布调查清楚。

我国是个多山的国家，山区面积约占国土面积的三分之二。受地形影响，山区气候较为复杂。因此在做山区气候分析中，可采取多种非常规方法取得

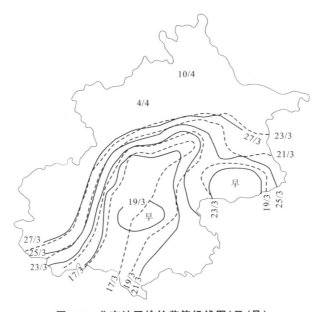

图 9-1　北京地区榆始花等候线图(日/月)

(实线为榆树始花日期等候线；虚线为界限温度≥5℃的初日等候线。)

基本气候资料，而物候调查法是其中一种比较实用和简便的方法。

　　采用物候观测的方法对山区气候状况进行调查，这对于在短期内了解和开发利用山区资源具有重要意义。如根据 1980 年对北京香山不同海拔高度上的植物物候路线观测的结果，在春季随着海拔高度的上升，同一物候现象发生的时间依次推迟。以 4 月 23 日的情况来说，处于山麓地带海拔约 130 米的静翠湖边，蚂蚱腿子已是开花全盛期，而在海拔 580 米的峰顶，只是个别丛才有花朵开放。在海拔 210 米处的玉华山庄，杏树开花达到全盛，而此时处于海拔 500 米高度上的香炉峰垭口，杏树才刚刚始花。推算每上升 100 米的高度，杏树始花期约推迟 2.8 天。与春季相反，在秋季，随着海拔高度的上升，同一物候现象的发生依次提早。如 9 月 30 日在海拔 180 米的香山寺附近，只有个别株黄栌见到红叶，而在海拔 580 米处的香山峰顶，黄栌已变色 1～2 成。秋季开花的短日照植物野菊，在海拔 280 米处的栖月山庄，黄花刚刚开放，而此时峰顶的野菊，已是花盛。据此推算，海拔每升高 100 米，野菊花始花期约提前 0.8 天(表 9-2)。2008 年 9 月 20 日在雾灵山观察到的白桦叶变色情况(表 9-3)，也反映了海拔高度对秋季植物物候的影响。

表 9-2　北京香山不同海拔植物物候期比较(1980 年)

时间	植物	镜翠湖 130 米	香山寺 180 米	玉华山庄 210 米	白松亭 230 米	栖月山庄 280 米	最高一株桃 430 米	香炉峰垭口 500 米	峰顶 580 米
4 月 23 日	蚂蚱腿子	花全盛					始花		个别株始花
	杏			花全盛				花≤1 成	现蕾 9 成
	小叶鼠李	普遍现蕾					芽开裂长 3~5 毫米		芽开裂长 2~3 毫米
9 月 30 日	野菊					始花		花 2~3 成	花盛
	黄栌		个别株叶变色		叶始变色				叶变色 1~2 成

表 9-3　2008 年 9 月 20 日雾灵山不同海拔高度的白桦叶变色

地点	海拔(米)	叶变色成数(成)
字石	900	3
古辽杨	1300	4
山垭口	1526	6~7
莲花池	1747	9
主峰停车场	2071	10

在山区的不同海拔高度和地形部位,如果能够进行多年的物候观测与调查,这样积累的资料对于山区的规划、山地各垂直带土地的合理利用等具有实际意义。

在山区,一定海拔高度上由于逆温层的作用,可能会出现山坡气温高于山麓的现象,这在物候现象上也会有所体现,如可能有物候现象倒置的情况发生,作物种类的变化,冻害轻重程度的不同等。山东胶东的大泽山是一条东东北—西西南走向的丘陵,高不过 500~700 米。在大泽山的南坡,山麓处因冬季的霜重,不能种水果,但到 50 米高度,就可种桃树和苹果了,到 100米高度还可种怕霜的葡萄。长江中下游的柑橘,云南、华南的橡胶树,以种在南向中坡遭受霜冻的机会最少,也就是这个道理。

二、物候与气候变化研究

物候现象作为一种综合性响应指标,能够敏感地指示气候变化,在全球环境变化的研究中受到很大重视,成为全球气候变化的一项独立证据。

物候学已成为全球环境变化研究的重要线索。大量的观测事实与分析表明，最近几十年以来，中高纬度地区春季物候大多都出现了不同程度的提前，很好地指示出了全球增暖的趋势及其区域差异。在 IPCC 第 4 次评估报告第二工作组报告的"自然和管理系统所观察到的变化和响应评估"部分，全面引用了欧盟科学技术合作计划物候项目研究结论。他们基于 542 个植物物种和 19 个动物物种，共计 12.5 万个观测序列，采用荟萃分析方法研究了 1971～2000 年气候变化导致的物候期变化。结果表明，78％样本的展叶、开花和果实成熟有显著提前的趋势，但秋季叶变色和落叶有推后趋势。增温 1℃将导致春、夏季物候期大约提前 2.5 天。这清楚地说明了全球变暖对植物物候和陆地生态系统的影响。

沃尔特等人的研究表明，近 30 年来的气候变暖对植物物候、植物沿纬向和垂直方向的分布变化，以及植物之间相互作用过程等都有明显影响，这种影响体现了自然生态系统对气候变化的响应和适应方式。如特等人对 143 项同类研究的荟萃分析也表明，植物物候变化与近期的气候变暖密切相关，他们认为在全球变化，特别是气候变化研究和未来气候预测领域，自然物候记录分析将发挥越来越大的作用。

由于全球变化研究的推动，物候学在理论和应用上具有新的发展趋势。首先，机理研究受到特别重视。其次，植物某些特殊生命周期受到特别重视，如植物生长季长度的变化。群落和生物群区层次的野外调查和遥感观测表明，北半球大部分地区和南半球有观测数据区域的植物生长季有延长趋势，而生长季长度变化会对陆地生态系统碳循环产生影响。

历史气候变化研究是当前全球变化研究领域的热点之一，物候现象能够敏感地反应气候变化，历史物候作为一种间接的气候资料，使古今物候差异成为研究历史气候变化的有力证据。我国是一个有着悠久历史的文明古国，历史材料丰富齐全，经史子集，以至方志、诗歌、游记、日记、古农书等蕴含了丰富的物候信息，竺可桢的《中国近五千年来气候变迁的初步研究》，就大量采用历史文献中的物候资料，开创了利用我国古代丰富的物候资料进行历史时期气候变化研究的先河，奠定了利用物候学方法研究中国历史气候变化的理论基础。

龚高法等通过对历史物候史料的研究，分析了我国生长季长度的变迁。在夏、商、周时期，即公元前 8 世纪以前，气候经历了由温暖到寒冷的变化，在夏、商温暖时期，农作物的生长期要比现在长 1 个月以上。当时河南安阳一带，在阳历 3 月开始种水稻，播种期比现在早 1 个月。从殷墟发现的十万件甲骨文中，有数千件是有关求雨求雪的，说明干旱是影响当时农业生产的主要因子，而对霜冻灾害似乎不太担心，证明当时比现在暖。到西周初期（公元前 11 世纪）气候急剧变冷了，生长季要比现在缩短 20 天以上，虽然当时黄河流域主要农作物品种无多大改变，但寒冷气候影响到作物生长，反映当时关中平原农业的《小雅》，有这样的诗句："正月繁霜，我心犹伤。""正月，即夏之四月……繁多也。"说明在关中平原一年一熟的情况下，到阳历的 5 月还如此频繁地担心终霜冻，这在现在是十分罕见的。

春秋时期（公元前 770～公元前 476 年），与现在比较起来，春季物候是早的，而秋季的物候是迟的。如黄河中下游，阳历 5 月冬小麦就登场了，比现在要早，现在冬小麦登场，在西安、洛阳一带也要到 6 月上、中旬。在《左传》中，曾两次提到 5 月麦成熟，一次是隐公三年（公元前 720 年）郑公派人到河南温县抢割麦子，另一次是成公十年（公元前 581 年）晋景公在 5 月要尝新麦。说明当时气候也是温和的。

西汉《氾胜之书》记载的冬麦播种时间比现在早。《氾胜之书》中说，种麦要得时，夏至后七十日（9 月上旬），可种冬麦，早种冬前会拔节，易得病虫害，晚种则穗少而小。而现在，关中的小麦以 9 月下旬播种较为适宜。公元 2 世纪中叶，东汉崔实编写的《四民月令》，讲洛阳的冬麦要在秋分播种，在夏至收获，与现在北京的情况差不多。这些说明当时的气候比现在冷，生长季比现在短。

隋唐时候，长安能种柑橘并能结果，说明当时比较温和。类似于上面的记载还很多。根据这些记载，得到了我国近几千年来生长季长度的变化图（图 9-2）。

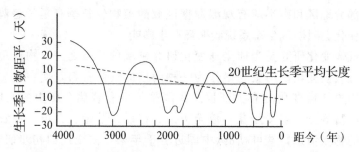

图 9-2　我国历史时期以来生长季长度距平变化曲线

作为重建历史气候的有效指标，利用古代长期的历史物候记录，可以重建历史时期的气象序列变化。利用物候学重建历史气候变化的基本步骤为：首先利用现代物候观测资料和器测气象资料建立物候期与气候因子的关系，再将预处理后的历史物候记录代入之前的关系式反推出历史气候变化。目前采用物候学方法重建历史温度变化的研究最为多见。如郑景云等通过收集整理历史日记中我国华中地区的春季物候记录，并结合中国物候网的观测数据和武汉大学的樱花花期记录，以及湖南 4 地的逐年降雪日数和 5 个树轮宽度年表等代用资料，以器测的 1951～2007 年华中整个地区的逐年气温距平为校准序列，采用逐步回归方法，结合逐一剔除法验证和方差匹配技术，重建了

1850～2008 年华中地区年均气温序列。葛全胜等通过区域集成方法,利用包括历史物候数据在内的多种资料,重建了中国过去 2000 年和过去 5000 年的温度变化序列。

在国外,以物候学方法重建历史气候变化研究中常用的资料主要以农业物候期(如春耕日期、葡萄和谷物收获期)、观赏植物花期(如樱花开花期)为主。这些资料被广泛用以重建欧洲、美洲、东亚部分地区部分时段的历史气候变化。如以樱花盛花期观测记录为基础重建的温度序列表明,日本 9 世纪、14 世纪存在与欧洲相一致的中世纪暖期;以欧洲中部地区作物收获记录重建的过去 1000 年温度变化序列表明,1550～1850 年比现代要冷 2.5℃;以法国勃艮第地区葡萄收获期重建的结果显示,20 世纪后半叶气候开始持续增暖,且在 2003 年温度距平达到了前所未有的 5.86℃。

历史物候记录属于客观的自然证据,利用物候资料重建的结果与其他自然资料重建的结果有几乎一致的波动规律,相对于冰芯、树轮等其他代用资料,历史物候记录以日为单位,有较高的时间分辨率,且基本覆盖了当时人类活动的范围。因此,采用物候学方法重建是研究历史气候变化的一种可靠手段。

第二节　物候学与农业

竺可桢在其所著的《物候学》一书中指出:"物候这门知识,是为农业生产服务而产生的,在今天对于农业生产还有很大用途。"黄秉维在《中国农业物候图集·序》中也曾指出:"物候学研究的主要对象是农事活动、生物界及其他自然现象的季节性……"可见物候学与农业有着密切的关系,是一门能够直接应用于生产的实用科学。了解作物物候期的年际变化及其变异性,有助于提高作物管理水平,最终获得更高、更稳定的作物产量,改善粮食质量。

俗话说:"人误地一时,地误人一年。"我国古代劳动人民早就知道农时的重要,"不违农时,谷不可胜食也"。在我国,历来就很注意对"时宜"的研究。所谓"时宜"并不只是适时播种,还指农业生产各个环节都不违农时。作为掌握农时的背景,就要了解一个地区的季节状况,而反映季节最敏感的莫过于生物物候现象及与其相对应的气象条件了。

作物物候是农作物重要的植物属性,它的变化不仅能够反映作物的生长发育状况,还能直接影响作物的产量形成过程和产量高低。因此,进行农业生产,必须研究农作物的物候,既要看作物外部形态的变化,同时还要看气象条件,分析哪些气象条件对作物是有利的,哪些对它是不利的,这样才可以决定适宜的播种期及其他农业技术措施。

要决定农作物的适宜播期，就要根据作物整个生长期的物候资料来调节播期，使作物的发育期提早或推迟，以避开不利气象条件的影响，达到高产。下面举几个例子。

小麦是我国三大粮食作物之一，种植范围广，面积大，产量高。根据播种时间的差异，全国小麦种植类型主要分为春小麦和冬小麦，春小麦主产区与冬小麦主产区大致以长城为界，长城以北为春小麦，长城以南为冬小麦。冬小麦是我国北方的主要粮食作物。关于小麦的播种时间，河北省农谚是在秋分节气，可是经过试验研究和对物候资料的分析，北京地区冬小麦的适宜播种时间，约在9月下旬。但是一直到10月下旬都可以播种，只是播种越迟，产量越低。因此，在这段时期里，又可分为最适宜的、次适宜的和最后的播种期。三个不同播种期有三种不同温度指标。每年可依据天气条件按物候或温度指标决定播种日期，而不宜固定在秋分节气播种。南方冬小麦的播种期比北方迟。根据南京地区试验的结果，半冬性品种冬前生长有3～4个分蘖，产量最高，播种期一般在霜降前。春性品种以有1～2个分蘖进入越冬的产量较高，适宜播种期在立冬左右。具体的播种日期，就要依当年的物候指标或当年的气象条件而定了。

北方小麦生长期长，南方小麦生长期短，产量有高低的不同。这是因为北方秋季温度迅速下降，冬季较冷，小麦须经过冬眠，到第二年春暖才恢复生长；而南方小麦无明显的越冬期，虽在冬季，地下部分仍徐徐生长，到了春季，温度迅速上升地下部分也就迅速生长。因此，南方小麦发育快，北方小麦发育慢。而小麦的生物学特性是在低温条件下分蘖多，在高温条件下分蘖少，故在一般情况下，北方小麦的分蘖多于南方。此外生长期长，干物质积累多；生长期短，干物质积累少。所以，北方小麦的产量，一般来说高于南方。

水稻是我国总产最高的粮食作物，广泛分布于长江流域、珠江流域以及东北地区等。水稻种植类型主要分为单季稻和双季稻（早熟稻和晚熟稻），单季稻大致分布于长江以北地区、东北地区和西南地区，双季稻则主要分布在长江以南湿润地区。在长江以南湿润地区，双季稻因种植季节和地区的不同，所要求的气象条件也不同。华中地区考虑早稻播种期的早迟，第一要避免烂秧；第二要避免孕穗、抽穗时期受低温的影响，减少空壳率。如湖南长沙地区就要使早稻在6月20日左右抽穗扬花，才可以躲过5月下旬低温的危害，并避免6月中旬前的雨季和6月底较大南风的影响。所以不早不迟的播种期要抢在"冷尾暖头"播种，约在春分前后。地区不同，早稻播种期所要注意的问题也就不同。如沿海的福建省福州地区，早稻开花期一般在6月上、中旬之间，但这时阴雨却常使早稻开花受到影响。如果把插秧期提早到4月上旬，那么开花期也就提早到6月上旬，这就可以避免阴雨对开花的影响。至于种植双季晚稻应该注意的问题，与双季早稻又有不同。如江西上饶地区，晚稻开花期间要求的温度比早稻低，假如播种早了，在开花期间遇着高温，空壳率就要大量增多；如果播种迟了，致生长期缩短，营养物质积累少，而且在开花期间又很可能遇着低温的危害，影响授粉。最合理想的生长期，要使晚稻有50天的秧龄，插秧以后，在9月里抽穗开花，这样就可以躲过高温和低温对开花的影响。为了满足上述要求，江西省上饶地区的晚稻播种期，以在5月中旬到6月上旬为适宜。

我国北方水稻增产与南方水稻又有不同。北方也有烂秧现象，但其发生原因与南方是有区别的。南方烂秧主要是由于阴雨低温，而北方则由于早春温度急剧变化，霜冻为害。水稻品种不同，由育秧到齐穗经历的日数也不同，这就要有物候资料，了解各个品种在各个地区生育期的长短、发育的快慢，才可以决定播种日期。黑龙江省虎林市850农场科研站，利用水稻多年分期播种及不同插秧期的试验资料，分析出最佳插秧期的温度指标，结合物候现象与温度指标的相关性，分别利用蒿蓿地面芽变绿、落叶松展叶及初霜等物候现象指导水稻播种、插秧的最佳时间及最佳收获期，从而获得水稻的高产稳产。

在气候变暖的背景下，作物生长发育的热量条件发生改变，会导致作物物候发生变化，进而影响作物光合作用产物的积累，并最终表现为作物产量的变化。以小麦为例，在我国众多农业气象试验站中，40%的站点春小麦和冬小麦抽穗期和成熟期显著提前，60%的站点生殖生长期显著延长，30%的站点全生育期和营养生长期显著缩短，华北平原、黄土高原和四川盆地等地区的全生育期缩短最为显著。春小麦和冬小麦生长季不同，因此物候变化程度也有较大差异。1980～2009年，冬小麦抽穗期平均提前12.4天/10年，成熟期提前速率小于抽穗期，营养生长期缩短，生殖生长期延长6.0天/10年，全生育期缩短11.3天/10年。相对于冬小麦，春小麦生育期变化幅度明显更小。在1980～2009年，中国北方地区的春小麦开花期和成熟期提前，生殖生长期延长，营养生长期和全生育期缩短。春小麦变化幅度远不及冬小麦，这说明区域间气候变化程度以及小麦生长季内各生育阶段气候变化程度都存在较大差异。

作物物候变化的驱动因子主要是气候变化和农业管理措施变化两大影响因子。其中，气候变化是主导驱动因子，对作物物候变化起决定作用。气候变暖通常会造成作物生育期缩短，影响作物生长发育，减少作物产量。调整农业管理措施，例如种植长生育期品种、提前或推迟播种期等，提高管理水平，延长作物生育期，可以从一定程度上抵消气候变化对作物生育期的不利影响，保证农业生产的安全。

在农业生产中，还常根据农作物各品种物候期的早迟及物候持续期的长短，将它们划分为不同生态类型，这对于多熟种植的安排、耕作制度的改良，以及品种的推广与引种等都有参考价值。作物物候研究对于农业气象灾害的预防、农业生产管理水平的进步以及农业生产的安全等都极为关键。

在果树研究和生产上，也必须进行系统的物候观测，积累资料，了解各种处理措施对于果树年周期中生长发育的影响，以及外界自然环境条件对果树物候期的影响，为制定技术措施和田间管理做参考。

物候学在农、林、牧、副、渔各业当中有着广泛的应用。农谚说："若要栽成树，要使树不知。"春季植树造林只有在树木芽萌动以前才能保证成活，而树木芽萌动期因植物种类和年份而不同，只有掌握树木芽萌动与气候条件的变化规律，才有可能合理安排植树造林的时间和顺序。物候资料还可以估计每年各种树木果实和种子的成熟日期，这对于采集种子是十分重要的。养蜂人员只有掌握蜜源植物地区分布及开花日期和花蜜分泌时间，才有可能不失时机地放蜂采蜜。养蚕同样需要掌握幼蚕和桑树发育规律，应该在幼蚕孵出来时保证有足够的桑叶供应。采茶更需要知道茶树的发芽、展叶日期，每当春季来临，茶树发芽抽叶时，茶区进入采摘春忙季节。春茶又名头茶，质量好，产量高，采摘春茶贵在争取时间。茶叶新梢上的嫩芽带有 1～3 个叶片，品质最优，含单宁和茶素最多，如不及时采摘，叶肉部分有用物质转化为纤维，品质会降低。因此茶农说："早采三天是宝，迟采三天变草。"掌握牧草发育规律，可以判断割草时间和停止放畜日期。掌握鱼类洄游的规律，对于鱼汛的到来时间及捕捞工作是很重要的。

第三节　物候学与环境美化和监测

一、植物物候相与植物造景

植物是园林景观中最具有生命力的要素，特别是木本植物物候相的更替，明显地显示出自然景观外貌及其色彩的季节变化，成为园林设计中不容忽视的重要因素。在植物造景工作中，恰当地运用木本植物的物候相变化及其组合特征进行配植，可以增添空间构图的韵律，显示时间演变的节奏，协调不同时段之间景观季相的匹配关系，从而表现景观的时间与空间之美。

所谓植物造景就是应用乔木、灌木、藤本及草本植物创造景观。在进行植物造景时，木本植物具有特殊、重要的意义。除了可以利用木本植物的形体、线条、色彩、质地等观赏特性进行立体的空间造型设计之外，如果能进一步运用它们的物候相，如萌芽、展叶、开花、果熟、叶秋季变色和落叶等随季节变化的观赏特性进行设计，则更可挖掘植物景观的时序之美。因此，木本植物物候相被认为是造园植物的重要性状之一。

物候季相景观在园林造景方面的应用，无论是在国内还是国外，都有悠久的历史。在国外，从 19 世纪末城市公园的兴起，植物的季相变化逐渐被重视起来。伯林特等人认为，城市林地——即城市的绿地系统，要成为一个在视觉、听觉、味觉上，以及一定范围内的触觉上的和谐混合体，其中就包括四季时序的感受。在园林的营造中，我国古人也经常巧妙采用季相景观特色进行造景。如扬州个园按照一年四季的游赏顺序，春竹、夏荷、秋叶、冬梅，并配置、铺垫了相应风格的山石，互相映衬，是时移景异的典范。

在植物造景设计与研究中，通常以树木某一方面的观赏特性，将其区分为观花、观叶、观果树种等，并列出树木的萌芽、展叶、开花、结果、叶变色和落叶的平均日期，以备参考。为了创造出不同季节植物景观的最佳配置，提高植物造景的美学与生态价值，有必要考虑多种植物物候相发生时间的早迟及其重叠与匹配关系，下面我们就以北京地区为例，利用常见的六七十种木本植物的观测数据，探讨树木物候相组合在植物造景中的作用。

对木本植物进行物候相组合分类，首先需要对木本植物物候相予以划分，并确定其持续的时间。从宏观上看，木本植物的物候相变化，以北京地区的落叶种类而言，可以区分为以下 7 个时段：

1. 萌动期：从芽开始膨大物候相出现之日起至展叶始物候相出现之日止。

2. 绿色期：从展叶始候相出现之日起至叶始变秋色物候相出现之日止。

3. 秋色期：从叶始变秋色物候相出现之日起至落叶物候相终了之日止。

4. 叶幕期：从绿色期开始至秋色期结束。

5. 休眠期：从落叶物候相终了之日起至翌年芽开始膨大物候相出现之日止。

6. 花期：从始花物候相出现之日起至花末物候相出现之日止。就落叶阔叶种类而言，按照其开花和展叶的先后顺序，可以区分为先花后叶、先叶后花以及花叶同时等不同的类型。其中除了先花后叶的种类，如山桃、杏树、玉兰等之外，其余两种类型的花期都重叠在绿色期中。

7. 果期：从幼果初现物候相开始之日起至果实成熟脱落物候相终了之日止。

以上 7 种物候相持续期之中，萌动期和休眠期在远观的视觉效果上没有多少差别。大部分园林木本植物的果期也都重叠在绿色期和秋色期之中，观赏效果不甚明显，只有少数种类的果实表现出独特的景象，如金银木、柿树、紫珠、多花蔷薇、月季化等。因此，树木物候相组合分类，主要以展叶始期、叶始变秋色期、落叶末期和开花始期等物候现象发生日期资料为依据。具体的做法是，依据各种乔灌木上述 4 种物候相出现的平均日期，统计其按候出现的频率，然后按照累计频率达到 25％和 75％的日期，将各种乔灌木按其物候现象发生期分为早、中、晚 3 种类型(表 9-4 和表 9-5)。

表 9-4　北京地区乔灌木物候相发生早、中、晚类型划分指标

物候相		指　　　标	
		累计频率(%)	日期
展叶始	早	25	早于等于 4 月 5 日
	中	25.1~74.9	4 月 6 日~4 月 17 日
	晚	75	晚于等于 4 月 18 日
叶始变秋色	早	25	早于等于 9 月 25 日
	中	25.1~74.9	9 月 26 日~10 月 12 日
	晚	75	晚于等于 10 月 13 日
落叶末	早	25	早于等于 11 月 1 日
	中	25.1~74.9	11 月 2 日~11 月 12 日
	晚	75	晚于等于 11 月 13 日

　　表 9-4 所列的累计频率数值,是以北京地区常见的六七十种乔灌木计算出来的。从表 9-4 可以看出,在某一物候相发生的时候,大约 50% 的植物种类,出现在短短的一旬到两周的时间之内。如展叶始期集中在 4 月 6 日~4 月 17日;叶始变秋色期集中在 9 月 26 日~10 月 12 日;落叶末期的到来,集中在11 月 2 日~11 月 12 日。

　　关于花期的区分,依据对北京地区物候季节的研究,将刺槐始花之前开花的各种乔灌木列为春花植物,而将刺槐始花之后开花的各种乔灌木,包括刺槐,列为夏花植物。对春花和夏花乔灌木,又按其花期不同,区分为早、中、晚三种类型(表 9-5)。

表 9-5　北京地区乔灌木开花始期早、中、晚类型划分指标

花期类型		指　　　标	
		累计频率(%)	日期
春花	早	25	早于等于 3 月 29 日
	中	25.1~74.9	3 月 30 日~4 月 18 日
	晚	75	4 月 19 日~5 月 3 日
夏花	早	—	5 月 4 日~6 月 9 日
	中	—	6 月 10 日~8 月 13 日
	晚	—	8 月 14 日~9 月 17 日

对于表 9-5 需要说明的是，由于目前北京地区夏花乔灌木比较贫乏，它们
始花期早、中、晚类型起止日期的确定，按照累计频率 25％ 和 75％ 的指标划
分，在统计上没有意义。所以这里参考对北京地区物候季节的划分结果和物
候现象按候出现的百分率变化予以划分。

依据表 9-4 和表 9-5 所拟定的指标，按照它们的物候相组合情况进行了分
类。从表 9-6～表 9-8 可以分别看出各种乔灌木绿色期、叶幕期和秋色期开始
早晚和持续时间长短的差别；由表 9-9 则可以了解各种乔灌木花期和叶幕期配
合的情况。

表 9-6　展叶始与叶始变秋色的物候相组合(绿色期)分类

展叶始 / 叶始变秋色		早 ≤4 月 5 日	中 4 月 6 日～4 月 17 日	晚 ≥4 月 18 日
早	≤9 月 25 日	白杜	枫杨、白桦、美国梧桐、梨、火炬树、小叶椴、洋白蜡、楸树	木槿、黄金树
中	9 月 26 日～10 月 12 日	华北落叶松、珍珠梅、玫瑰、重瓣榆叶梅、紫丁香、白丁香	银杏、水杉、加拿大杨、银白杨、胡桃、朴、玉兰、太平花、日本晚樱、刺槐、黄檗、黄栌、七叶树、栾、柿、迎春	板栗、构、桑、碧桃、合欢、槐、紫穗槐、紫藤、文冠果、臭椿、枣、梧桐、紫薇、毛泡桐
晚	≥10 月 13 日	旱柳、垂柳、龙爪柳、西府海棠、黄刺玫、红花锦鸡儿、暴马丁香	毛白杨、小叶杨、钻天杨、榆、蜡梅、苹果、山桃、杏、杭子梢、沙枣、连翘	油松、紫荆、皂荚、龙爪槐、元宝槭、荆条

表 9-7　展叶始与落叶末的物候相组合(叶幕期)分类

展叶始 / 落叶末		早 ≤4 月 5 日	中 4 月 6 日～4 月 17 日	晚 ≥4 月 18 日
早	≤11 月 1 日		白桦、黄檗、小叶椴、柿、黑枣、洋白蜡、楸树	臭椿、酸枣、紫薇、荆条、黄金树、板栗、构树、桑
中	11 月 2 日～11 月 12 日	华北落叶松、玫瑰、重瓣榆叶梅、贴梗海棠、暴马丁香、紫丁香、白丁香	银杏、加拿大杨、银白杨、胡桃、朴、玉兰、太平花、梨、山桃、杏、日本晚樱、黄栌、火炬树、七叶树、栾、连翘、迎春	碧桃、合欢、紫荆、紫穗槐、紫藤、元宝槭、文冠果、枣、木槿、黑枣

续表

落叶末＼展叶始	早 ≤4月5日	中 4月6日~4月17日	晚 ≥4月18日
晚 ≥11月13日	旱柳、垂柳、龙爪柳、珍珠梅、西府海棠、黄刺玫、红花锦鸡儿、白杜	水杉、毛白杨、小叶杨、钻天杨、枫杨、榆、蜡梅、美国梧桐、苹果、刺槐、杭子梢、沙枣	皂荚、槐、龙爪槐、梧桐、毛泡桐

表 9-8　叶始变秋色与落叶末的物候相组合(秋色期)分类

落叶末＼叶始变秋色	早 ≤9月25日	中 9月26日~10月12日	晚 ≥10月13日
早 ≤11月1日	白桦、洋白蜡、小叶椴、楸树、黄金树	黄檗、臭椿、柿、酸枣、紫薇	荆条
中 11月2日~11月12日	梨、火炬树、木槿	银杏、落叶松、加拿大杨、银白杨、胡桃、板栗、朴、构、桑、玉兰、太平花、玫瑰、重瓣榆叶梅、碧桃、日本晚樱、合欢、紫穗槐、紫藤、黄栌、七叶树、文冠果、栾、枣、紫薇、紫丁香、白丁香、迎春	山桃、紫荆、元宝槭、连翘、暴马丁香
晚 ≥11月13日	枫杨、美国梧桐、白杜	水杉、珍珠梅、槐、刺槐、梧桐、毛泡桐	毛白杨、小叶杨、钻天杨、旱柳、垂柳、龙爪柳、榆、蜡梅、苹果、西府海棠、黄刺玫、杏、皂荚、龙爪槐、红花锦鸡儿、杭子梢、沙枣、凌霄

表 9-9　展叶始与开花始的物候相组合分类

始花＼展叶始		早 ≤4月5日	中 4月6日~4月17日	晚 ≥4月18日
春花	早 ≤3月29日	华北落叶松	毛白杨、加拿大杨、小叶杨、榆、蜡梅、连翘、迎春	

续表

始花＼展叶始		早 ≤4月5日	中 4月6日～4月17日	晚 ≥4月18日
春花	中 3月30日～4月18日	旱柳、垂柳、龙爪柳、重瓣榆叶梅、西府海棠、贴梗海棠、红花锦鸡儿、紫丁香、白丁香	银杏、侧柏、桧柏、银白杨、钻天杨、白桦、枫杨、朴、玉兰、美国梧桐、梨、苹果、山桃、杏、日本晚樱、黄杨、洋白蜡	元宝槭
春花	晚 4月19日～5月3日	黄刺玫、牡丹	胡桃、黄栌、楸	云杉、油松、构、碧桃、紫荆、紫藤、文冠果、毛泡桐
夏花	早 5月4日～6月9日	珍珠梅、玫瑰、白杜、暴马丁香	太平花、刺槐、黄檗、火炬树、七叶树、沙枣、柿、黑枣、紫珠	白皮松、板栗、合欢、紫穗槐、臭椿、枣、酸枣、雪柳、荆条、黄金树
夏花	中 6月10日～8月13日		栾、小叶椴	槐、龙爪槐、木槿、梧桐、紫薇
夏花	晚 8月14日～9月17日		杭子梢	

值得注意的是大约50%的园林木本植物种类，其展叶始、叶始变秋色和落叶末的出现日期都集中在1旬到2周之内（表9-6～表9-8）。这样，在一年之内，随着时间的推移，就出现了富于我国北方地区特色的"春到枝头争先绿"、"秋染叶色竞斗艳"和"无边落木萧萧下"的季相演变过程。此外，一半以上的春花树种集中在仲春时节开花，与众多木本植物的展叶时间恰好吻合，形成了万紫千红与嫩绿鹅黄纷至沓来的景色（表9-9）。可见，春、秋两季正是景观季相演变迅速的时期，有着深厚的审美蕴藏，从而引发了人们游赏的高潮。因此，着意搞好春、秋两季的植物物候相组合造景特别重要。以现有的园林植物材料来说，可用于这两个季段植物物候相组合造景的种类也是比较丰富的，充分利用繁花、绿叶和红、橙、黄、紫各色秋叶在时间上的重叠与顺序关系，进行不同美学功能的植物造景是大有潜力的。例如着意利用春早和春晚的花木适当配植，可以延长春天季相的观赏期；而着意利用秋色呈现较早和较晚的树木适当配植，则可以延长秋天季相的观赏期。若能进一步顾及这些树木春色和秋色的匹配关系，配植出诸如春早秋晚、秋早冬晚等物候相组合景点，并注意协调各景点的季相在空间上的逐渐过渡关系，这样，全年的时序之美便可以通过植物造景设计充分地表现出来。

二、环境的物候监测

调查与监视环境的质量状况有各种方法，除了使用各种仪器之外，对动植物的物候进行观测，也是一种可以采取的有效手段。国外一些材料表明，即使在大气污染轻的地区，树木的生长势和物候期也常受到影响。如在德国的鲁尔工业区，空气中二氧化硫的平均含量超过了 0.0002％（24 小时），松树便无法生长。那里的钢铁工业城市杜伊斯堡，在人行道上所种的悬铃木，虽然生命力很强，但每年从 5 月开始生出新叶，到 7 月便枯落。苏联亦曾有类似的报道，在列宁格勒（现圣彼得堡）三个化工厂和基洛夫林学院附近公园里的物候观测表明，工厂排出的甲烷等化学物质，使附近植物的发芽期比生长在公园里的同种植物平均要晚 2～3 天，锦鸡儿晚 17 天，稠李、山楂、花楸等晚 6 天，结果期也晚，并出现果实提早脱落的现象。

对动物进行物候学的统计观测，同样可以起到监视环境的作用。例如，在 20 世纪六七十年代，对英国泰晤士河伦敦桥下游一带的冬候鸟观测，清楚地反映了泰晤士河遭到污染后的死气沉沉和经过治理以后生机勃勃的情况。污染未得到治理时，在 1961～1962 年的冬季，观测到的水鸟最多的时候也只有 72 只麻鸭和 250 只欧洲水鸭；而治理后的 1975～1976 年冬季，便有 932 只麻鸭和 650 只欧洲水鸭了。到 1978 年，在此过冬的野禽已增到 1 万只以上。目前，这里已被国际水鸟研究局列为世界上重要的水鸟栖息地。

在北京进行的物候观测也表明，一些物候现象可以清楚地反映环境污染或清洁的情况。我们都知道元宝槭是一种很好的秋季观叶树种，然而 1978 年和 1979 年连续两年，天安门两侧长安街北人行道上的元宝槭，在秋季都没有出现橙黄猩红的艳丽树冠，而且比近城区的玉渊潭公园、西山前的卧佛寺提前开始枯黄飘落。这可能与汽车排放的废气有关。据测定，在长安街 7～10 时，16～18 时汽车排出的氮氧化物和碳氢化合物含量处于高峰阶段，要比附近公园的污染严重约四倍。

从以上的情况可以知道：通过观测物候现象——植物的萌芽、展叶、开花、结实、叶黄和叶落，候鸟的迁来和飞去等等，能够帮助我们监视环境的变化。这是由于动植物与其周围环境密切地相联系，形成所谓网络体或生态系。当污染物质进入环境达到一定数量时，必然会引起动植物生理上的变化，进而可能在宏观的物候现象上表现出来。所以通过对大量物候现象的观测，在未遭到污染的情况下，可以揭示那里生态系统的正常物候现象的节律性，这是正常生态平衡的一项指标，它类似于理化仪器分析监测中作为对比的背景值或本底值。在已经遭受污染的条件下，对物候现象的观测，可以帮助我们选择出指示环境污染的敏感植物和抗污染植物的种类。

为监视环境而进行的物候观测，除了普通物候的常规观测项目之外，应当特别注意定量化的问题。例如，对于候鸟的来去，不仅要记录来去的时间，而且应该记载反映数量变化的指标。对于蛙通常只记录始鸣、终鸣的时间，其实还应当考虑它们的数量。有报道指出，京郊地区单位面积上的平均青蛙数量较之以前已大为减少。在植物物候方面也应当注意某些物候现象记录的定量化，既要记录开花的日期，还应该对开花程度予以数量的评级，进行具体的统计。此外，对于非正常的物候现象也应当予以注意。这里举一个极端的例子，1979年9月上旬，在北京香山路万安公墓汽车站南侧的果园边缘，发现不少株苹果树第二次开花，数量相当可观，类似于平常始花的景象。通过访问得知，大约在半个多月以前，有一辆运氨水的拖拉机路过这里，盛氨水的容器破裂，氨水撒得满地都是，沿路几十米一段的行道树和紧靠公路的几排果树叶子脱落，而后又重新长出新叶，苹果树还出现了第二次开花。这些第二次开花的果树到来年春季，开花的数量肯定要大量减少。由此可知，一个地方发生有害气体的急性污染，可以从它导致的物候现象（如前述的苹果第二次开花，以及来年正常开花期间的花数减少等）去推测当初的污染情况。对于非正常的叶变色和落叶也需要记录其时间、程度或数量，并尽量指明可能的原因或有关的因果线索。1970年夏季，在日本东京附近，榉树不断地大量落叶，研究证明，这是由光化学烟雾的污染所致。此后，榉树便成为日本常用的光化学污染的指示植物之一。

污染的范围是广泛的，不可能全用仪器监测。而且单独使用理化方法检测，亦不能确定其对生物的真实毒性，这就需要用生物检测来予以补充。作为生物检测的一种手段，即物候观测来监视环境的变化，虽然监测的精度略显粗糙，但具有监视材料来源广，种类多，可以就地取材，方法简便，费用低廉，便于开展群众性的监测预报工作等优点，为了做好环境监测工作，对这种方法也应当加以足够的重视。

第四节　物候学在其他方面的应用

一、物候与遥感

传统的物候信息获取是以地面观测为基础的，主要依靠人工观察和记录，例如通过对个别植物或物种的原位观测，来观察芽萌动、开花或叶片的变色，尽管简单易行，但是费时费力，且易受到观测者主观认识差异的影响和观测站点空间分布的限制，难以进行大尺度的时空变化分析。遥感观测得到的是像元内的植物群体所组成的植被物候特征，具有宏观、高效和便捷的特点，能够提供覆盖范围广、时间序列长的多时相重复对地观测，实现了由点向面的空间尺度转换，是对地面物候观测的有益补充。从遥感数据中获取物候信息已逐渐成为物候研究的重要手段，使物候观测的对象从某种特定植被转变为包含不同植被类型的生态系统层面。通过遥感获得的不是与植物生命史中特定事件相关的传统物候学，它描述了与植被发育阶段相关的反射特征的季节性。

自 1972 年第一颗地球资源卫星（Landsat）发射以来，遥感数据不断增多，数据的功能和用途也在不断变化。目前可用于监测植被动态的遥感数据有 NOAA-AVHRR，SPOT-VGT，MERIS，MODIS，MSS、TM 和 ETM＋，SPOT4 和 SPOT5，CBERS-1/2，ASTER，RADAR，IKONOS，Quick-Bird 等。根据研究的目的、方法及精度要求的不同，可选择不同的遥感数据，如 NOAA-AVHRR、SPOT-VGT、MODIS 等低空间分辨率的数据，可用于区域、大洲或全球尺度的植被监测；而 MSS、TM 和 ETM＋及 ASTER 等高空间分辨率的数据，则常用于小尺度土地利用与覆盖变化分析、植被制图和精细农业调控等。

观测对象的综合性决定了遥感所获取的物候信息与地面观测记录获取的物候信息有所不同。植被作为地表生态系统的主体，其物候特征在地表物候中占有十分重要的地位，当前的物候参数遥感提取研究主要关注植被物候。典型植被的反射波谱特性曲线具有明显而且独特的规律性。可见光波段，植被的反射和透射都很低，受到叶绿素的影响，在 0.45 微米蓝光和 0.67 微米红光处各存在一个吸收带，而在 0.55 微米绿光处则形成一个小反射峰。在近红外波段，从 0.7 微米附近开始，植被的反射率陡然增加，在 0.8～1.1 微米形成一个高的反射率平台，这是叶片细胞结构多次散射造成的。植被指数是由多光谱遥感数据经过空间变换或者不同波段之间的线性、非线性组合构成，其原理正是利用了植被的光谱特征，通过强化可见光（主要是红光）与近红外波段反射率之间的差异来反映植被的生长状况。随着植被的生长，叶绿素吸收和叶片细胞结构反射增强，红光反射率减少，近红外反射率增加，由红光和近红外波段组合构成的植被指数逐渐增大；当植被生长达到顶峰时，相应的植被指数也达到生长期内的最大值；在持续一段时间后植被开始进入衰退阶段，随着叶片的枯萎，叶绿素吸收和叶片细胞结构反射减弱，红光反射率增加，近红外反射率减少，由红光和近红外波段组合构成的植被指数也逐渐减小。因此时间序列的植被指数曲线可以表征植被生长期内的变化特征，以非常直观的形式反映了植被从生长开始到结束的整个生理过程。在时间序列植被指数曲线上，对应着植被指数由低到高至最大值，然后再逐渐降低的全过程。从遥感数据中获取植被物候信息，主要是基于时间序列植被指数进行的，以生长周期内不同阶段之间的转换为特征来描述植被的物候现象，并据此判断出植被的关键物候期。

　　NDVI(归一化植被指数)是目前植被物候遥感提取中使用得最为广泛的植被指数。它通过四则运算在一定程度上提高了对土壤背景的鉴别能力，同时削弱了大气层和地形阴影的影响。NDVI 能够很好地反映绿色植被的长势、生物量和覆盖度等信息，其时间序列曲线的变化对应着植被生长活动的全过程。国内外大量有关遥感提取植被物候的研究工作，都是基于 NDVI 时序数据开展的。

　　研究发现当植被覆盖度为 25%～80% 时，NDVI 随植被生物量呈近似线性的增长；但是当植被覆盖度大于 80% 时，NDVI 逐渐出现饱和趋势，对植被检测的灵敏度下降。为了克服上述缺点，研究者们发展了 EVI(增强型植被指数)，通过引入蓝光波段数据和土壤调节参数，分别对残留气溶胶和土壤背景的影响做进一步校正。EVI 综合处理了大气和土壤背景影响，在抑制噪声的同时避免了 NDVI 存在的高植被覆盖度条件下的饱和问题，所以常被用于高生物量地区的植被物候监测。除了常用的 NDVI 和 EVI 之外，一些其他的植被指数在遥感提取植被物候研究中也有着广泛的应用。

　　在 1990 年提出利用 NDVI 的阈值进行植物物候生长季节的划分之后，遥感物候学的研究不断深化并拓展，主要研究内容涉及植物物候生长季节的划分、气候与物候变化的关系、大尺度植被初级生产量的估算、土地覆盖的分类与监测、农作物的估产等。

　　作为冰冻圈的重要组成部分，在全球变暖背景下，湖冰遥感监测可以为系统评估水资源、湖泊环境、生态环境的影响提供科学依据。湖冰物候变化是气候变化的敏感指示器，既能够反映由大气条件、大洋环流、火山喷发等引起的小尺度的气候变化，又能反映全球变暖等大尺度的气候变化。因此，利用遥感技术监测湖冰物候变化，具有重要的科学意义和应用推广价值。

　　近年来，"近地表"遥感为物候监测提供了一种新的方法。光学传感器安装在相对接近(通常为 50 米或更少)陆面的地方，可用于在高时间频率上量化与植被发育和衰老相关的表面光谱特性的变化的监测。这些测量的尺度介于单个生物体和卫星像素之间，对于各种应用来说是独特和有利的。

　　如中国生态系统研究网络(CERN)，为其野外试验站统一配置了物候自动观测系统，该自动观测系统包括多尺度图像获取模块、图像数据采集模块、图像数据存储模块、无线传输及远程监控模块、太阳能供电及支撑附件、图像管理模块等。多尺度图像获取模块主要包括一个多光谱相机、数个高分辨率普通彩色数码相机(即 RGB 相机)。多光谱相机主要用于获取植被/作物冠层多光谱图像，RGB 数码相机获取植物冠层、草本植物/作物观测样方、优势植物种样株物候特征 3 个尺度的可见光图像。

　　在观测地点的选择上，CERN 将相机布置在综合观测场或者其他物候固定观测点。在群落水平，布设一个多光谱相机和一个高分辨率 RGB 数码相机，用于定时自动获取群落尺度多光谱和可见光图像；对草本植物/作物，在样地中获取 1 米×1 米样方水平的垂直拍摄图像。在个体水平上，森林/荒漠/湿地选取 3～5 个典型乔灌木样株，分别布设一个高分辨率 RGB 相机，用于自动获取植物物候动态图像。

在个体物候观测中，RGB 数码相机拍摄对象首选人工物候观测中涉及的植物种个体，尽量与人工观测的对象和角度一致。如果 RGB 数码相机拍摄对象为人工物候观测未涵盖的植物种，则在以后的人工物候观测中，需要增加对该种的观测。物候数码相机提供的图片，必须具有并行的人工物候观测数据。

对于获取的图像，自动或者人工辨识植物群落或个体的物候期，并根据图片拍摄时间获取物候期发生时间。

二、植物物候模型的应用

物候模型作为植物物候研究中重要的研究手段，其作用包括：（1）用来推断影响物候变化的生理机制、环境阈值及驱动因素；（2）有效地推测历史缺失的物候数据和预测未来物候变化，从而研究长期物候与气候变化之间的关系；（3）将物候研究与陆地生态系统模型相结合，探索局部区域到全球范围内的碳、水循环和能量流动；（4）预测未来气候变化对物种分布的影响。在过去的几十年里，已经建立了大量物候模型，主要包括统计模型、过程机理模型和理论模型。

统计模型，也称为经验物候模型，将不同的环境因素（主要是气候要素）视为控制物候事件发生时间的决定因素，而不考虑植物生长发育的生物学过程。统计模型假设物候期与物候事件发生前不同时段（特别是 2、3、4 月）的平均气温有简单的线性关系，很少采用其他曲线拟合方法（如对数拟合和二次拟合）。物候记录与温度敏感时段（以 15 天间隔搜索平均物候期前平均温度与物候数据相关系数最高的时段）之间的线性关系被认为提高了统计模型的精度。它们的参数是由各种统计拟合方法得到的经验数据。

过程机理模型能够反映物候与气候间的非线性关系。过程机理模型假设植物的生长发育主要受到温度、光照等因素的控制，过程机理模型通常考虑植物每年生长发育周期的主要阶段（包括自然休眠、生态休眠和打破休眠），只有当植物所经受的积温或光照累计达到物候事件发生所需的临界值，物候事件才会发生。设定的起始日期是大多数模型所共有的参数，在此日期之后，特定的环境驱动因素会影响植物的发育，一个或多个参数控制着环境驱动因素对植物发育速度的影响。春季增温模型是最简单的过程机理模型，其假设春季植物积温达到临界值之后植物展叶才会发生。模型包含三个参数：基础温度、积温阈值和开始温度累积的日期。大多数基于过程的模型通用的参数是使用任意日期(例如 1 月 1 日)或任意基础温度(−5℃、0℃或 5℃)。过程机理模型还包括基于寒冷需求、光周期等的更复杂的生理过程。

理论模型主要指基于生态系统能量流动,收支平衡等的生物群落模型,尝试探究各种基于过程机理或生理方面的机理,以了解植物叶片生命周期的发育过程。这些模型主要包括碳平衡模型、激素和相互作用模型、生存和生殖适应性模型、物种范围小生境模型、遗传行为模型和遥感模型等。乔利等人选择一组常见的变量:光周期、蒸汽压差和最低温度,这些变量可以组合成一个指数来量化全年植被的绿色程度。对于每个变量设置一个阈值,在阈值范围内,假设植被的相对物候表现从基态到激发态不等,推算了三个指标的乘积,得到的综合生长季指数与遥感数据 NDVI 有很高的相关性,用来预测植物物候及其对气候变化的响应。理论模型都使用卫星观测作为模型驱动,因为在许多生物群落中,模型构建、校准和测试所需的地面观测根本无法获得。了解大气气候和生态系统之间的相互作用是改进陆地生态系统和监测全球气候变化影响的必要组成部分。

对于陆地生态系统,植物物候模型为卫星生物气候学和地表物候提供服务,可以对观测到的极端物候事件进行解释,为大气、生物圈模拟模型和全球变化监测提供所需信息。提升局部或区域尺度的植物物候模型精度将为潜在的天气和气候、物候和生态系统功能之间的关系模型提供基础。精确的物候模型将提高预测生态系统生产力与大气的气体交换的准确性,从而准确预测我们未来的气候变化趋势。

三、物候与旅游

物候现象反映了自然界花开花落、叶绿叶黄等季节性变动的时序之美。因此,物候现象本身就是一项具有区域特色和时间特点的旅游资源,以植物观赏为主题的旅游活动在世界各地大量开展。如同程旅游发布的《2019 居民春季赏花游趋势报告》中,将日本的樱花、荷兰的郁金香、济州岛的油菜花、巴厘岛的鸡蛋花、美国得克萨斯州的矢车菊、澳大利亚珀斯的野花、英格兰的水仙花、德国的樱花隧道、法国的薰衣草、保加利亚的玫瑰等列为当年出境赏花旅游的十大热门目的地;将婺源的油菜、武汉的梅花、洛阳的牡丹花、林芝的桃花、昆明的山茶花、南京的梅花、九寨沟的杜鹃花、广州的梅花、苏州的梅花、伊犁的薰衣草等列为当年国内赏花旅游的十大热门目的地。近年来,中国天气网也在每年发布全国油菜花和红叶等的观赏地图,以指导游客开展赏花观叶旅游活动。

对于植物观赏类旅游而言,植物的展叶、开花、叶变色等物候现象构成的景观季相及其变化是旅游产生的驱动因素,由于物候现象的时效性,使植物展叶、开花、叶变色等自然景观也具有相应的时效性。例如在北京,每年 3

月至 11 月,从明城墙遗址公园的梅花节开始,到香山公园的红叶节,城区各公园赏花观叶节庆活动不断。当一些特有物种分布区植被处于特定的物候期(开花、叶变色等)时,这些旅游区就会变得格外有魅力,吸引大批游客前来观光。

植物物候期的变化可引起以植物观赏为主题的旅游活动起止时间发生改变,这是预测自然景观观赏类旅游者行为规律及区域旅游需求的基础。因此,物候对于旅游活动,特别是对观赏类旅游活动具有很好的指导意义。目前,国内外已有一些研究,利用物候模型预报观赏植物的花期及叶变色期等,以服务于相应的旅游活动。

在我国,每年各地都纷纷举办各种各样的赏花节,赏花、品花已成为民众的一项重要旅游活动。由于我国纬度跨度大,各地自然条件差异显著,植物种类丰富,花期各异,从而形成我国东部不同地区各有特色的"花潮"。此处所指的"花潮",是指一个地区一年中各种植物开花相对集中的时期,也就是这个地区赏花活动相对比较集中的时期。在这里我们将花潮起止日期划分指标定为:植物始花累计频率达到 25% 这一候的第一天作为花潮的开始日期,植物始花累计频率达到 75% 这一候的最后一天作为花潮的结束日期。

按照上述划分指标,依据各地物候历数据,由南至北选取了广州、赣县、杭州、洛阳、北京和哈尔滨六个地区,计算得到了我国东部各地花潮的起止日期及持续时间,如表 9-10。

表 9-10　我国东部各地花潮平均起止日期及持续时间

项目	哈尔滨	北京	洛阳	杭州	赣县	广州
纬度(N)	45°45′	40°01′	34°40′	30°19′	25°52′	23°10′
经度(E)	126°40′	116°20′	112°25′	120°16′	115°	113°24′
海拔(米)	150	50~60	155	10	110	30~50
温度带	中温带	暖温带	暖温带	北亚热带	中亚热带	南亚热带
花潮平均开始日期	5 月 6 日	4 月 6 日	3 月 27 日	4 月 6 日	3 月 22 日	3 月 17 日
花潮平均结束日期	6 月 9 日	5 月 15 日	6 月 9 日	6 月 19 日	6 月 4 日	6 月 14 日
持续天数	35 天	40 天	75 天	75 天	75 天	90 天

由表 9-10 可知,我国东部各地花潮具有开始时间南早北晚,结束日期南北相近,花潮持续时间南长北短的特点。其中广州与哈尔滨花潮开始日期相差 50 天,结束日期仅相差 5 天,持续时间相差长达 55 天。

由于各地植物种类的差异,使得植物花潮观赏植物的种类各有不同。表

9-11 列举了代表各地花潮起止的指示植物及在花潮期间处于花期的主要植物。

表 9-11　我国东部各地花潮的始、终期标志及其主要开花植物

地点	花潮开始标志	花潮结束标志	主要开花植物
哈尔滨	榆叶梅、紫丁香开花始期	暴马丁香、玫瑰开花始期	榆叶梅、兴安杜鹃、山杏、毛樱桃、连翘、长梗郁李、紫丁香、小叶锦鸡儿、锦带花、东北山梅花、绣线菊等
北京	连翘、杏树开花始期	太平花、玫瑰开花始期	玉兰、榆叶梅、碧桃、紫丁香、紫荆、西府海棠、白丁香、日本樱花、李树、黄刺玫、紫藤、牡丹、月季、刺槐、金银花、芍药等
洛阳	紫荆、李树开花始期	梧桐、女贞开花始期	毛桃、紫丁香、樱花、泡桐、连翘、牡丹、黄刺玫、紫藤、刺槐、月季、芍药、锦带花、白杜、合欢、凌霄、萱草等
杭州	碧桃、辛夷开花始期	合欢、南天竹开花始期	碧桃、辛夷、杨梅、泡桐、满山红、红枫、紫藤、乌桕、红茴香、云实、玫瑰、含笑、广玉兰、紫楠等
赣县	枫杨、桑树开花始期	红花木槿、梧桐开花始期	泡桐、油桐、杜鹃花、刺槐、柚树、金银花、夹竹桃、黄栀子、无患子、荷木、合欢、女贞、马甲子、白兰花、黄荆、乌桕等
广州	垂柳、荔枝开花始期	青皮开花始期	木棉、苦楝、柚、台湾相思、玉叶金花、红花羊蹄甲、肖野牡丹、鸡蛋花、荷木、黄栀子、孔雀豆、桃金娘、乌桕、凤凰木等

　　通过物候学的规律还可以解释旅游活动行为，指导相应旅游活动的开展。从植物景观观赏的角度，陶泽兴等界定了观赏季的概念，所谓观赏季是指游客可观赏到大多数植物展叶、开花和叶变色等景观的时段。观赏季是各物候期发生频率最高的时段，他们采用频率分布统计的方法，划定了国内 12 个观测站所在地的观赏季。具体做法是首先统计 12 个站点所有观测植物 1963～2009 年展叶始期、开花盛期和叶全变色期的平均日期。再以 10 天为基本时段，统计各站点 3 个物候期的频率分布。之后，以正态分布概率密度函数模拟频率分布，其中 Xc 是正态分布的期望；W 是正态分布的标准差，根据正态分布概率密度函数的性质，物候期发生在 $Xc \pm W$ 区间内的概率为68.27%，即大多数植物物候期发生在 $Xc \pm W$ 时段内。因此，将这一时段定义为物候期的观赏季，其中 Xc 定义为最佳观赏日，$Xc-W$ 和 $Xc+W$ 分别为观赏季开始和结束日（表 9-12）。

表 9-12 12 个站点 3 个物候期的观赏季划分

站点	物候期	最佳观赏日	起始日期	结束日期	站点	物候期	最佳观赏日	起始日期	结束日期
哈尔滨	展叶始	5.5	4.27	5.13	牡丹江	展叶始	5.4	4.27	5.11
	开花盛	5.20	5.3	6.6		开花盛	5.24	5.19	5.29
	叶全变色	10.2	9.22	10.12		叶全变色	10.1	9.27	10.5
北京	展叶始	4.12	4.3	4.21	洛阳	展叶始	4.4	3.29	4.10
	开花盛	4.18	4.4	5.2		开花盛	4.27	4.21	5.3
	叶全变色	11.2	10.23	11.12		叶全变色	11.6	11.2	11.10
西安	展叶始	4.1	3.20	4.13	上海	展叶始	3.30	3.13	4.16
	开花盛	4.12	3.20	5.5		开花盛	—	—	—
	叶全变色	11.4	10.20	11.19		叶全变色	11.30	11.21	12.9
武汉	展叶始	3.28	3.18	4.7	杭州	展叶始	4.8	3.29	4.18
	开花盛	4.13	3.20	5.7		开花盛	4.14	4.9	4.19
	叶全变色	11.14	11.5	11.23		叶全变色	11.2	10.22	11.13
重庆	展叶始	—	—	—	贵阳	展叶始	3.17	3.6	3.28
	开花盛	—	—	—		开花盛	—	—	—
	叶全变色	11.20	11.12	11.28		叶全变色	11.14	10.30	11.29
桂林	展叶始	3.16	3.6	3.26	昆明	展叶始	3.16	3.9	3.23
	开花盛	—	—	—		开花盛	4.3	3.10	4.27
	叶全变色	11.1	10.17	11.16		叶全变色	10.26	10.3	11.18

—表示无法拟合或拟合效果差；表中数字表示日期(月．日)。

近年来，在国家旅游局等部门的引导下，以赏花观叶为主题的旅游活动逐渐成为人们休闲放松的主要方式之一。由于植物物候与植被景观及季相之间联系紧密，利用物候学规律指导观赏类旅游活动的开展具有重要意义。

四、物候与健康

花粉过敏属于环境性疾病，与花粉种类、环境和人体基因等多因素有关。随着人类社会城市化加剧，植物种植区域的扩展，花粉变应原也随之增加，花粉过敏发病率呈逐年上升趋势，花粉过敏已经成为季节性的流行疾病，严重危害了人类的健康。利用物候监测，准确掌握植物花期规律，及时发布致敏花粉的花期预报，能有效预防花粉过敏的暴发，远离过敏源，保障花粉过敏人群的健康。如北京气象局，近年已开始通过电视台和网络向公众发布致敏花粉的花期预报。此外，物候能够用于准确地追踪暂时性寄生虫（蜱虫等）活动时间的环境因素，有效避免一些人兽共患疾病的传播。

我国古代医学家通过实践，认为人和自然是一个动态的整体，讲究"天人合一"及"天时"与人体的关系，这与现代医学中的时间医学观点一致。人体受到自然环境的密切影响，所以人体的生理、病理演变规律，也有着与自然四时演变同样的规律。时令—物候—脏腑有密切关系，人体与时间，以及与自然物候因素处于一个动态的生态整体中，在这个整体中，人与植物、动物、水、空气、土壤……以及抽象的时间、温度、湿度、色、味等各种因素共同组成了一个动态的体系。

从《黄帝内经》开始，中国古代医生就在中医药理论中融入了大量时令物候知识。如在《黄帝内经》里，详尽地讲到了时间物候与人体生理、病理，以及临床康复的关系。这些因素的关联，往往以时令物候的独特形式联系起来。《黄帝内经》认为："人以天地之气生，四时之法成。"天地有寒、热、温、凉的四时气候，自然万物有春生、夏长、秋收、冬藏的变化，相应地，人体生命也有生、长、老、死的演变。与自然协调程度相应的是物候现象标准，人的保健和康复必须顺应自然，做到"因时养生"。人应该"春夏养阳，秋冬养阴，以从根本，故与万物沉浮于生长之门"。这种思想一直指导着临床诊疗、中药药理，以及保健康复中，是中医药学中时令物候的基本观念。

在中药学理论里，节气—物候动态关系的观念也得到了充分的体现。中医药学的许多理论，也是从节气物候思想引申而来的。李时珍所著《本草纲目》"四时用药例"中说："春月宜加辛温之药，以顺应春气；夏月应加辛热之药，以顺夏凉之气；长夏宜加甘苦辛温之药，以顺化成之气；秋月宜加酸温之药，以顺秋降之气；冬月宜加苦寒之药，以顺冬沉之气。"这种根据时节物候变化规律总结的四时用药原则，可谓精辟至极。中药学讲究道地药材，所谓"道地"，即在某特定物候条件下，某特定时节出产的中药。如果用现代物候学观点指导中药生产，也能使中药的产量和质量得到很大的提高。

中医药学中的节气时令物候观念，无疑是基于"天人相应"这个基本观点而来的。物候现象所反应的是影响生命体诸因素的综合作用，这个综合作用不能用某单一数值或指标来说明，但时令物候现象却能正确地反映出这些环境因素和生命体动态的对应关系。这种物候现象当然也能在相当程度上反映出人体的变化，并且简单明了，中医学在医疗康复保健中使用时令物候知识，能准确直观地指导医疗实践。

五、物候与教育

物候学是一门综合的学科，涉及众多交叉学科，非常适合于正式和非正式环境下的教育应用。例如，物候观测网倡导大众参与物候观测，当观测员参与物候数据收集时，他们不仅能对所观察到的植物体的生命周期有即时和完整的理解，而且往往对环境驱动因素的变化也变得敏感。物候教育为参与者探索科学、自然和自身之间的关系提供了一个独特的机会。

物候数据可以为几乎任何年龄层的实践课程提供便利，这些课程涵盖了科学研究的整个范围，包括野外现场实践、模型公式假设、数据分析和结果可视化，这些技能有助于大众理解气候变化对自然资源的影响，培养下一代对生物学、生态学、地理学和气候学等领域感兴趣的科学人才。

例如，在国外，一些负责教育学生和公众气候变化的机构，一直在开发以物候学为主题的项目，其中许多项目吸引了越来越多的基于互联网的公众参与项目。在国内，也有一些学校或公园，组织学生开展以物候为主要内容的课外活动。物候教育为参与者探索科学、自然和自身之间的关系提供了一个独特的机会，这些教育项目帮助学生发展批判性思维技能，了解科学和自然世界如何影响他们的日常生活。

近年来，教育工作者、生态学家、植物学家、动物学家、地理学家、气候学家和博物学家等对物候学的兴趣大大增加。因此，现在国内外有更多的物候教育资源可供使用，包括面向从幼儿到大学生到公众的室内和室外活动。

参 考 文 献

[1]竺可桢，宛敏渭．物候学[M]．北京：科学出版社，1984．

[2]F. 施奈勒．植物物候学[M]．杨郁华，译．北京：科学出版社，1965．

[3]Mark D. Schwartz. Phenology：An Integrative Environmental Science [M]. Springer，2013．

[4]余冠英．诗经选[M]．北京：人民文学出版社，1979．

[5]温克刚．中国气象史[M]．北京：气象出版社，2004．

[6]王聘珍．大戴礼记解诂[M]．北京：中华书局，1983．

[7]何新．宇宙的起源《楚帛书》与《夏小正》新考[M]．北京：中国民主法治出版社，2008．

[8]谢世俊．中国古代气象史稿[M]．重庆：重庆出版社，1992．

[9]葛全胜，戴君虎，郑景云．竺可桢与中国现代物候学发展[C]．秦大河．纪念竺可桢先生诞辰120周年文集．北京：气象出版社，2010．

[10]冯秀藻，欧阳海．二十四节气[M]．北京：农业出版社，1982．

[11]A. R. 伊萨钦科．今日地理学[M]．胡寿田，徐樵利，译校．北京：商务印书馆，1986．

[12]J. E. 缪曼．生物气候和农业气象研究中的因变量[M]．北京：农业出版社，1965．

[13]P. 迪维诺．生态学概论[M]．李耶波，译．北京：科学出版社，1987．

[14]H. 利思．物候学与季节性模式的建立[M]．颜邦倜，译．北京：科学出版社，1984．

[15]张福春．中国农业物候图集[M]．北京：科学出版社，1987．

[16]邵望平，卢央．中国天文学史文集（第二集）[M]．北京：科学出版社，1981．

[17]Gaston R. Demarée. From "Periodical Observations" to "Anthochronology" and "Phenology" — the scientific debate between Adolphe Quetelet and Charles Morren on the origin of the word "Phenology"[J]. International Journal of Biometeorology，2011，55(6)：561-573．

[18]石声汉．氾胜之书今释[M]．北京：科学出版社，1956．

[19]刘献廷. 广阳杂记[M]. 北京：中华书局，1985.

[20]王桢. 王桢农书[M]. 北京：中华书局，1956.

[21]竺可桢. 竺可桢文集：物候学与农业生产（1964 年）[M]. 北京：科学出版社，1979.

[22]宛敏渭. 中国自然历选编[M]. 北京：科学出版社，1986.

[23]宛敏渭. 中国自然历续编[M]. 北京：科学出版社，1987.

[24]国家气象局. 农业气象观测规范[M]. 北京：气象出版社，1993.

[25]龚高法. 近四百年来我国物候之变迁[C]. 竺可桢逝世十周年纪念会筹备组. 竺可桢逝世十周年纪念会论文报告集. 北京：科学出版社，1985.

[26]龚高法，简慰民. 我国植物物候期的地理分布[J]. 地理学报，1983，38(1)：33-40.

[27]郑景云，葛全胜，赵慧霞. 近 40 年中国植物物候对气候变化的响应研究[J]. 中国农业气象，2003，24(1)：28-32.

[28]朱盛侃，陈安国，严志堂，等. 灭鼠和鼠类生物学研究报告（第四集）[M]. 北京：科学出版社，1981.

[29]北京市农林水利局. 北京地区果树病虫害的防治[M]. 北京：北京出版社，1959.

[30]赵怀谦，詹天来. 园林病虫害防治[M]. 北京：中国建筑工业出版社，1979.

[31]董厚德，尹功成. 植物物候学与农业生产——试谈沈阳几种植物物候期与当地农业指标温度的关系[J]. 植物学杂志，1975，4：13-14.

[32]叶笃正，朱抱真. 从大气环流变化论东亚过渡季节的来临[J]. 气象学报，1955，26(1)：71-87.

[33]张福春. 物候[M]. 北京：气象出版社，1985.

[34]刘匡南，邹鸿勋. 近五年东亚夏季自然天气季节的划分及夏季特征的初步探讨[J]. 气象学报，1956，27(3)：219-242.

[35]高由禧，徐淑英. 关于东亚季风区域的气候的研究[J]. 气象学报，1959，30(3)：258-262.

[36]徐淑英，高由禧. 我国季风进退及其日期的确定[J]. 地理学报，1962，28(1)：1-18.

[37]王炳庭. 长江中下游农业天气[M]. 武汉：湖北人民出版社，1982.

[38]张宝堃. 中国四季之分配[J]. 地理学报，1934，1(1)：29-74.

[39]章基嘉. 中长期天气预报基础[M]. 北京：科学出版社，1963.

[40]日本气象学会. 农业气象基础[M]. 候洪森，译. 北京：科学出版社，1963.

[41]太平天国文书汇编[M]. 北京：中华书局，1979.

[42]宛敏渭．论我国的物候季节与物候指标的应用[C]．竺可桢逝世十周年纪念会筹备组．竺可桢逝世十周年纪念会论文报告集．北京：科学出版社，1985.

[43]宛敏渭，刘明孝，崔读昌．冬小麦播种期与生长发育条件的农业气象鉴定[M]．北京：科学出版社，1958.

[44]杨国栋．中国东部地区物候季节划分的初步探索[J]．河南师范大学学报(自然科学版)，1983，1：69-76.

[45]龚高法，张丕远，吴祥定，等．历史时期气候变化研究方法[M]．北京：科学出版社，1983.

[46]中国科学院地理所．中国动植物物候观测年报 第1—11号[M]．北京：科学出版社，地质出版社，测绘出版社，1965～1992.

[47]辽宁省气象局．辽宁省农业气象实用手册[M]．沈阳：辽宁人民出版社，1981.

[48]邱国雄．影响光合作用的因素[J]．植物杂志，1979，5：19-22.

[49]北京农科院气象室．北京地区的气候与农业生产[M]．北京：人民出版社，1977.

[50]林超．北京西山清水河流域自然地理[C]．中国科学院地理研究所．地理学资料，第4期．北京：科学出版社，1959.

[51]林超，李昌文．北京山区土地类型及自然区划初步研究[C]．中国地理学会自然地理专业委员会．中国地理学会1963年年会论文选集(自然地理学)．北京：科学出版社，1965.

[52]朱炳海．中国气候[M]．北京：科学出版社，1962.

[53]叶笃正．空间问题与时间序列问题[J]．气象，1977，3(6)：22-25.

[54]W.拉夏埃尔．植物生理生态学[M]．李博，等译．北京：科学出版社，1980.

[55]三原义秋．实用农业气象学[M]．项硕，译．南宁：广西人民出版社，1984.

[56]万胜印．红铃虫[M]．南昌：江西人民出版社，1982.

[57]内蒙古农牧学院林学系．文冠果[M]．呼和浩特：内蒙古人民出版社，1977.

[58]中国科学院林业土壤研究所．红松人工林的研究[M]．北京：中国林业出版社，1960.

[59]黄金松．龙眼[M]．福州：福建人民出版社，1978.

[60]王宝荣．农业有益鸟兽[M]．济南：山东科学技术出版社，1978.

[61]潘守文．现代气候学原理[M]．北京：气象出版社，1994.

[62]刘南威．自然地理学[M]．北京：科学出版社，2000.

[63]陈载璋.天文学导论(上册)[M].北京:科学出版社,1983.

[64]张福春.用物候学方法调查中小区域气候[J].气象,1981,7(10):22-23.

[65]张福春.论小区域气候调查的物候学方法[J].地理科学,1982,2(1):40-48.

[66]江苏建湖县《物象测天》编写组.物象测天[M].北京:农业出版社,1977.

[67]杨国栋,徐克.新疆地区物候测报模式的统计研究[J].北京师范学院学报(自然科学版),1991,12(1):85-90.

[68]吴冬秀,张琳,宋创业,等.陆地生态系统生物观测指标与规范[M].北京:中国环境出版集团,2019.

[69]杨国栋,陈效逑.北京地区的物候日历及其应用[M].北京:首都师范大学出版社,1995.

[70]杨国栋,陈效逑.论自然景观的季节节奏[J].生态学报,1998,18(3):233-240.

[71]杨国栋,陈效逑.木本植物物候相组合分类研究——以北京市植物园栽培树种为例[J].林业科学,2000,36(2):39-46.

[72]张明庆,杨国栋,许晓波.树木花期预报的花芽形态测量法研究——以大山樱花期预报为例[J].植物生态学报,2005,29(4):610-614.

[73]张明庆,杜育林,任阳.北京什刹海地区的物候季节[J].首都师范大学学报(自然科学版),2007,28(3):78-80.

[74]张明庆,杨国栋,范振涛,等.北京地区主要致敏花粉树木花期的预报[J].环境与健康杂志,2008,25(3):262-263.

[75]张明庆,杨国栋,张玲.北京城区的季相特征及其园林应用[J].首都师范大学学报(自然科学版),2008,29(5):62-65.

[76]陈效逑,王林海.遥感物候学研究进展[J].地理科学进展,2009,28(1):33-40.

[77]施泽荣,白文娟,赵文娟.机场物候学基础[M].合肥:合肥工业大学出版社,2018.

[78]苏雪痕.植物造景[M].北京:中国林业出版社,1994.

[79]罗素·福斯特,里昂·克莱兹曼.生命的季节[M].上海:上海科技教育出版社,2011.

[80]陈友民.园林树木学[M].北京:中国林业出版社,1990.

[81]葛全胜,王顺兵,郑景云.过去5000年中国气温变化序列重建[J].自然科学进展,2006,16(6):689-696.

[82]葛全胜,郑景云,郝志新,等.过去2000年中国气候变化研究的新

进展[J].地理学报，2014，69(9)：1248-1258.

[83]龚高法，陈恩久.论生长季气候寒暖变化与农业[J].大气科学，1980，4(1)：40-48.

[84]刘亚辰，王焕炯，戴君虎，等.物候学方法在历史气候变化重建中的应用[J].地理研究，2014，33(4)：603-613.

[85]付永硕，李昕熹，周轩成，等.全球变化背景下的植物物候模型研究进展与展望[J].中国科学：地球科学，2020，50(9)：1206-1218.

[86]杨琼梁，欧阳婷，颜红，等.花粉过敏的研究进展[J].中国农学通报，2015，31(24)：163-167.

[87]余树勋.园林美与园林艺术[M].北京：中国建筑工业出版社，2006.

[88]赵彦茜，肖登攀，柏会子，等.中国作物物候对气候变化的响应与适应研究进展[J].地球科学进展，2019，38(2)：224-235.

[89]郑新峰，姜文华.用物候与温度的相关性指导水稻生产[J].黑龙江气象，2009，26(1)：28-29.

[90]卫炜.MODIS双星数据协同的耕地物候参数提取方法研究[D].北京：中国农业科学院，2015.

[91]陶泽兴，葛全胜，王焕炯，等.中国中东部植被景观观赏季划分的物候学基础[J].地理学报，2015，70(1)：85-96.

[92]郝宝华，陈海涛，李伟泽，等.中医时间医学的独特性：节气时令物候观念与临床康复，中国临床康复，2006，10(31)：145-147.

附录1 植物名录

红瑞木 *Cornus alba*

红松 *Pinus koraiensis*

厚萼凌霄 *Campsis radicans*

胡萝卜 *Daucus carota* var. *sativa*

胡桃 *Juglans regia*

花生 *Arachis hypogaea*

华北落叶松 *Larix gmelinii* var. *principis-rupprechtii*

华北珍珠梅 *Sorbaria kirilowii*

华山松 *Pinus armandii*

槐（国槐）*Styphnolobium japonicum*

黄檗 *Phellodendron amurense*

黄刺玫 *Rosa xanthina*

黄金树 *Catalpa speciosa*

黄荆 *Vitex negundo*

黄栌 *Cotinus coggygria* var. *cinerea*

黄杨（小叶黄杨）*Buxus sinica*

火炬树 *Rhus typhina*

J

鸡蛋花 *Plumeria rubra* 'Acutifolia'

鸡麻 *Rhodotypos scandens*

加杨（加拿大杨）*Populus* × *canadensis*

夹竹桃 *Nerium oleander*

桔梗 *Platycodon grandiflorus*

金银忍冬（金银木）*Lonicera maackii*

锦带花 *Weigela florida*

荆条 *Vitex negundo* var. *heterophylla*

榉树 *Zelkova serrata*

君迁子（黑枣）*Diospyros lotus*

K

款冬 *Tussilago farfara*

L

蜡梅 *Chimonanthus praecox*

辣椒 *Capsicum annuum*

李 *Prunus salicina*

栗（板栗）*Castanea mollissima*

荔枝 *Litchi chinensis*

莲（荷花）*Nelumbo nucifera*

连翘 *Forsythia suspensa*

楝（苦楝）*Melia azedarach*

凌霄 *Campsis grandiflora*

六道木 *Zabelia biflora*

龙眼 *Dimocarpus longan*

龙爪柳 *Salix matsudana* f. *tortuosa*

栾树 *Koelreuteria paniculata*

萝卜 *Raphanus sativus*

M

马甲子 *Paliurus ramosissimus*

马利筋 *Asclepias curassavica*

蚂蚱腿子 *Myripnois dioica*

满山红 *Rhododendron mariesii*

毛白杨 *Populus tomentosa*

毛泡桐 *Paulownia tomentosa*

毛樱桃 *Prunus tomentosa*

梅 *Prunus mume*

玫瑰 *Rosa rugosa*

美国红梣（洋白蜡）*Fraxinus pennsylvanica*

蒙椴（小叶椴）*Tilia mongolica*

棉花 *Gossypium hirsutum*

牡丹 *Paeonia suffruticosa*

木荷（荷木）*Schima superba*

木槿 *Hibiscus syriacus*

木棉 *Bombax ceiba*

木樨（桂花）*Osmanthus fragrans*

N

女贞 *Ligustrum lucidum*

O

欧丁香（丁香）*Syringa vulgaris*

P

枇杷 *Eriobotrya japonica*

苹果 *Malus pumila*

葡萄 *Vitis vinifera*

蒲公英 *Taraxacum mongolicum*

普通小麦（小麦）*Triticum aestivum*

Q

七叶树 *Aesculus chinensis*

楸 *Catalpa bungei*

R

忍冬（金银花）*Lonicera japonica*

日本晚樱 *Prunus serrulate* var. *lannesiana*

S

桑 *Morus alba*

沙枣 *Elaeagnus angustifolia*

山茶（山茶花）*Camellia japonica*

山毛榉 *Fagus sylvatica*

山桃 *Prunus davidiana*

山杏 *Prunus sibirica*

山楂 *Crataegus pinnatifida*

芍药 *Paeonia lactiflora*

石榴 *Punica granatum*

柿（柿树）*Diospyros kaki*

水杉 *Metasequoia glyptostroboides*

水榆花楸（花楸）*Sorbus alnifolia*

四季豆 *Phaseolus vulgaris*

酸枣 *Ziziphus jujuba* var. *spinosa*

T

台湾相思 *Acacia confusa*

太平花 *Philadelphus pekinensis*

桃（毛桃）*Prunus persica*

桃金娘 *Rhodomyrtus tomentosa*

甜菜 *Beta vulgaris*

甜橙 *Citrus sinensis*

贴梗海棠 *Chaenomeles speciosa*

W

豌豆 *Pisum sativum*

文冠果 *Xanthoceras sorbifolium*

莴苣 *Lactuca sativa*

乌桕 *Triadica sebifera*

无患子 *Sapindus saponaria*

梧桐 *Firmiana simplex*

X

西府海棠 *Malus* × *micromalus*

西洋接骨木 *Sambucus nigra*

香蕉 *Musa nana*

橡胶树 *Hevea brasiliensis*

小叶锦鸡儿 *Caragana microphylla*

小叶杨 *Populus simonii*

兴安杜鹃 *Rhododendron dauricum*

杏 *Prunus armeniaca*

绣线菊 *Spiraea salicifolia*

萱草 *Hemerocallis fulva*

雪花 *Galanthus nivalis*

雪柳 *Fontanesia phillyreoides* subsp. *fortunei*

雪松 *Cedrus deodara*

Y

烟草 *Nicotiana tabacum*

燕麦 *Avena sativa*

洋常春藤（常春藤）*Hedera helix*

杨梅 *Myrica rubra*

野牡丹（肖野牡丹）*Melastoma malabathricum*

一球悬铃木（美国梧桐）*Platanus occidentalis*

虉草 *Phalaris arundinacea*

银白杨 *Populus alba*

银杏 *Ginkgo biloba*

迎春花（迎春）*Jasminum nudiflorum*

油菜 *Brassica rapa* var. *oleifera*

油松 *Pinus tabuliformis*

油桐 *Vernicia fordii*

柚 *Citrus maxima*

榆树 *Ulmus pumila*

玉兰 *Yulania denudata*

玉叶金花 *Mussaenda pubescens*

圆柏（桧柏）*Juniperus chinensis*

元宝槭 *Acer truncatum*

月季花 *Rosa chinensis*

越橘 *Vaccinium vitis-idaea*

云实 *Caesalpinia decapetala*

Z

枣 *Ziziphus jujuba*

皂荚 *Gleditsia sinensis*

榛树 *Corylus avellana*

栀子（黄栀子）*Gardenia jasminoides*

紫丁香 *Syringa oblata*

紫花地丁 *Viola philippica*

紫荆 *Cercis chinensis*

紫楠 *Phoebe sheareri*

紫穗槐 *Amorpha fruticosa*

紫藤 *Wisteria sinensis*

紫薇 *Lagerstroemia indica*

紫叶小檗 *Berberis thunbergii* 'Atropurpurea'

紫玉兰(辛夷) *Yulania liliiflora*

紫珠 *Callicarpa bodinieri*

钻天杨 *Populus nigra* var. *italica*

附录 2　动物名录

B

北极燕鸥 *Sterna paradisaea*

蝙蝠 *Vespertilio superans*

C

菜粉蝶 *Pieris rapae*

长耳鸮 *Asio otus*

刺猬 *Erinaceus amurensi*

D

大蟾蜍 *Bufo gargarizans*

大杜鹃 *Cuculus canorus*

大山雀 *Parus major*

豆雁 *Anser fabalis*

H

黑脉金斑蝶（帝王蝶）*Danaus plexippus*

红铃虫 *Pectinophora gassypiella*

槐尺蠖 *Semiothisa cinerearia*

黄钩蛱蝶 *Polygonia c-aureum*

黄鹂 *Oriolus chinensis diffusus*

J

家燕 *Hirundo rustica*

金腰燕 *Hirundo daurica japonica*

L

柳毒蛾 *Leucoma candida*

楼燕（北京雨燕）*Apus apus pekinensis*

绿头鸭 *Anas platyrhynchos*

M

麻雀 *Passer montanus*

S

四声杜鹃 *Cuculus micropterus micropterus*

松大蚜 *Cinara pinitabulaeformis*

松毛虫 *Dendrolimus*

T

太平鸟 *Bombycilla garrulus*

天幕毛虫 *Malacosoma neustria testacea*

W

蛙（青蛙）*Rana nigromaculata*

X

蟋蟀 *Gryllulus chinensis*

小家鼠 *Mus musculus*

Y

杨天社蛾 *Clostera anachoreta*

意大利蜜蜂 *Apis mellifera*

Z

蚱蝉 *Cryptotympana atrata*

中华蜜蜂 *Apis cerana*

后　记

　　20世纪70年代末，我校刚刚恢复招生不久，资源环境与旅游学院（当时为地理系）的部分师生，就在当时的系主任褚亚平教授和教研室主任孟德政教授的热心支持下，在校园及其附近地区开始了物候观测。到了20世纪80年代初，我们又在国内率先开设了"物候学"课程，并编写了用于课程教学的讲义。在历届校、院（系）领导的支持下，我校物候学的研究与教学活动，一直传承至今。其间"北京地区物候观测与基础物候学研究"获得北京市政府颁发的科学技术进步三等奖。我们还先后组织全市几十所中学，建立了北京物候观测网，推动、丰富了北京市中学的课外科技活动与研究性学习；编制了包括北京城区和郊区的10多部物候历，出版了《北京地区的物候日历及其应用》一书，并获得北京市新闻出版局颁发的优秀图书三等奖。2002年我们为旅游管理专业开设了"旅游物候"课程，2010年又在全校开设了"北京物候"通识课程。结合物候学的发展和教学需要，我们曾对讲义做过几次修订，本书即是在此基础上，又经过反复修改、补充，得以完成。

　　本书的出版得到了我校李小娟校长的大力帮助与支持。得到了"内涵发展——地理学一流学科建设"专项的资助。我校生命科学学院李学东教授、赫尔辛基大学刘洋博士、门头沟区教师进修学校李春旺特级教师（正高级）、北京市第35中学赵志壮老师，审阅了初稿并提出了宝贵的修改意见。首都师范大学出版社沈小梅编辑，对本书的编辑、出版提出了许多非常好的建议。在此，我们一一表示由衷的感谢。

　　由于作者水平有限，书中难免有错误、疏漏和不妥之处，欢迎各方专家和读者批评指正。